企业级卓越人才培养（信息类专业集群）解决方案“十三五”规划教材

Java Web 应用程序开发

天津滨海迅腾科技集团有限公司　主编

南开大学出版社
天　津

图书在版编目 (CIP) 数据

Java web 应用程序开发 / 天津滨海迅腾科技集团有限公司主编 . — 天津 : 南开大学出版社 , 2017.5（2021.2 重印）

ISBN 978-7-310-05326-1

Ⅰ. ①J… Ⅱ. ①天… Ⅲ. ①JAVA语言—程序设计 Ⅳ. ①TP312.8

中国版本图书馆 CIP 数据核字（2017）第 012360 号

Java web 应用程序开发

Java Web YINGYONG CHENGXU KAIFA

南开大学出版社出版发行

出版人:陈 敬

地址:天津市南开区卫津路 94 号 邮政编码:300071

营销部电话:（022）23508339 营销部传真:（022）23508542

http://www.nkup.com.cn

唐山鼎瑞印刷有限公司印刷 全国各地新华书店经销

2017 年 5 月第 1 版 2021 年 2 月第 4 次印刷

260×185 毫米 16 开本 18.5 印张 463 千字

定价:55.00 元

如遇图书印装质量问题,请与本社营销部联系调换,电话:（022）23508339

企业级卓越人才培养（信息类专业集群）解决方案“十三五”规划教材编写委员会

编　者： 刘品洁　郭思延　贾月辉　徐云燕　孙光明

企业级卓越人才培养（信息类专业集群）解决方案简介

企业级卓越人才培养（信息类专业集群）解决方案（以下简称“解决方案”）是面向我国职业教育量身定制的应用型、技术技能型人才培养解决方案，以天津滨海迅腾科技集团技术研发为依托，联合国内职业教育领域相关行业、企业、职业院校共同研究与实践研发的科研成果。本解决方案坚持“创新产教融合协同育人，推进校企合作模式改革”的宗旨，消化吸收德国“双元制”应用型人才培养模式，深入践行“基于工作过程”的技术技能型人才培养，设立工程实践创新培养的企业化培养解决方案。在服务国家战略、京津冀教育协同发展、中国制造2025（工业信息化）等领域培养不同层次及领域的信息化人才。为推进我国教育现代化发挥应有的作用。

该解决方案由“初、中、高级工程师”三个阶段构成，集技能型人才培养方案、专业教程、课程标准、数字资源包（标准课程包、企业项目包）、考评体系、认证体系、教学管理体系、就业管理体系等于一体。采用校企融合、产学融合、师资融合的模式在高校内共建互联网学院、软件学院、工程师培养基地的方式，开展“卓越工程师培养计划”，开设系列“卓越工程师班”，“将企业人才需求标准、企业工作流程、企业研发项目、企业考评体系、企业一线工程师、准职业人才培养体系、企业管理体系引进课堂”，充分发挥校企双方特长，推动校企、校际合作，促进区域优质资源共建共享，实现卓越人才培养目标，达到企业人才培养及招录的标准。本解决方案已在全国近二十所高校开始实施，目前已形成企业、高校、学生三方共赢格局。未来五年将努力实现在年培养能力达到万人的目标。

天津滨海迅腾科技集团是以IT产业为主导的高科技企业集团，总部设立在北方经济中心——天津，子公司和分支机构遍布全国近20个省市，集团旗下的迅腾国际、迅腾科技、迅腾网络、迅腾生物、迅腾日化分属于IT教育、软件研发、互联网服务、生物科技、快速消费品五大产业模块，形成了以科技为原动力的现代科技服务产业链。集团先后荣获“全国双爱双评先进单位”“天津市五一劳动奖状”“天津市政府授予AAA级和谐企业”“天津市文明单位”“高新技术企业”“骨干科技企业”等近百项殊荣。集团多年中自主研发天津市科技成果2项，具备自主知识产权的开发项目数十余项。现为国家工业和信息化部人才交流中心“全国信息化工程师”项目联合认证单位。

前　言

随着互联网的不断发展，Web 项目需求不断扩大，Java 工程师的需求也越来越大。当前大部分网站开发使用的技术为 Java Web。Java Web 作为目前最流行的动态网页开发技术之一，吸引了众多软件开发人员的眼球。

本书的知识点由易到难，以“理论＋实践”的形式展现给读者，读完本书后，读者对 Java Web 的理念和思想可以初步了解，并且具备创建类似各种电商平台项目的能力。

本书共十章，分别介绍了 Java Web 的异常处理原则、I/O 流对程序的输入和输出的处理、通过 JDBC 对数据库的访问、项目开发过程中 Tomcat 服务器的作用、如何使用 JSP 技术创建 Web 页面、如何在 JSP 中使用 Java 代码、怎么实现 Web 应用等。

通过本书的学习，读者可以了解异常处理机制、I/O 流之间数据的传递，掌握 JDBC 对数据库的访问，Tomcat 服务器的搭建，JSP 内置函数等知识，通过这些知识的学习，读者能够自己创建类似于各种电商平台的项目，进而适应市场的需求。

本书每个章节都按照 Java Web 知识体系，循序渐进的讲解。都设有学习目标、课前准备、本章简介、具体知识点讲解、小结、英语角、作业、思考题、学员回顾内容等模块。此结构条理清晰、内容详细，将相关知识、技能、最准确的信息传递给读者，不仅有益于巩固掌握的知识，还能提高实践能力。

本书由刘品洁、郭思延主编，贾月辉、徐云燕、孙光明参与编写，由刘品洁、郭思延负责全面内容的规划、编排。具体分工如下：第一、二章由贾月辉编写；第三、四章由郭思延编写；第五、六、七章由刘品洁编写；第八、九章由徐云燕编写；第十章由孙光明编写。

本书理论内容简明扼要、通俗易懂、即学即用；实例操作讲解细致，步骤清晰。在本书中，操作步骤后有相对应的效果图，便于读者直观、清晰地看到操作效果，牢记书中的操作步骤，更重要的是与实际项目相结合，提高读者的综合能力。

目　录

理论部分

第 1 章　异常 …… 3

1.1　Java 异常处理机制概述 …… 3
1.2　运用 Java 异常处理机制 …… 6
1.3　异常处理原则 …… 20
1.4　小结 …… 23
1.5　英语角 …… 23
1.6　作业 …… 23
1.7　思考题 …… 23
1.8　学员回顾内容 …… 24

第 2 章　I/O 流 …… 25

2.1　字节流 …… 25
2.2　字符流 …… 33
2.3　特殊的 I/O 流 …… 38
2.4　小结 …… 44
2.5　英语角 …… 45
2.6　作业 …… 45
2.7　思考题 …… 45
2.8　学员回顾内容 …… 45

第 3 章　JDBC(一) …… 46

3.1　JDBC …… 46
3.2　基本数据库访问 …… 48
3.3　特殊处理 …… 56
3.4　小结 …… 61
3.5　英语角 …… 61
3.6　作业 …… 61
3.7　思考题 …… 62
3.8　学员回顾内容 …… 62

第 4 章 JDBC(二) …… 63

4.1 高级数据库访问 …… 63
4.2 事务 …… 71
4.3 封装数据访问 …… 76
4.4 小结 …… 83
4.5 英语角 …… 83
4.6 作业 …… 83
4.7 思考题 …… 83
4.8 学员回顾内容 …… 84

第 5 章 Web 运行模式:Tomcat …… 85

5.1 程序网络计算模式 …… 85
5.2 B/S 模式技术介绍 …… 87
5.3 JSP 运行原理 …… 90
5.4 Web 服务器 …… 92
5.5 Tomcat 样例程序 …… 94
5.6 部署 JSP 文件 …… 96
5.7 小结 …… 97
5.8 作业 …… 97
5.9 思考题 …… 98
5.10 学员回顾内容 …… 98

第 6 章 JSP(一) …… 99

6.1 剖析一个 JSP 页面 …… 99
6.2 脚本元素 …… 100
6.3 JSP 指令 …… 104
6.4 实例 …… 111
6.5 小结 …… 117
6.6 英语角 …… 117
6.7 作业 …… 118
6.8 思考题 …… 118
6.9 学员回顾内容 …… 118

第 7 章 JSP(二) …… 119

7.1 内置对象 …… 119
7.2 out 对象 …… 120
7.3 request 对象 …… 122
7.4 response 对象 …… 130

7.5 实例 …… 132
7.6 小结 …… 139
7.7 作业 …… 139
7.8 思考题 …… 140
7.9 学员回顾内容 …… 140

第 8 章 JSP(三) …… 141

8.1 session 对象 …… 141
8.2 application 对象 …… 148
8.3 pageContext 对象 …… 150
8.4 cookie …… 153
8.5 小结 …… 158
8.6 英语角 …… 159
8.7 作业 …… 159
8.8 思考题 …… 159
8.9 学员回顾内容 …… 159

第 9 章 JSP 标准动作 …… 160

9.1 概述 …… 160
9.2 文件包含动作 …… 161
9.3 <jsp:useBean> 动作 …… 162
9.4 <jsp:setProperty> 动作 …… 165
9.5 <jsp:getProperty> 动作 …… 169
9.6 请求重定向动作 …… 171
9.7 实例 …… 172
9.8 小结 …… 178
9.9 作业 …… 178
9.10 思考题 …… 179
9.11 学员回顾内容 …… 179

第 10 章 Java 实用技术 …… 180

10.1 在 JSP 中上传文件 …… 180
10.2 用 POI 与 Excel 交互 …… 187
10.3 小结 …… 196
10.4 英语角 …… 196
10.5 作业 …… 196
10.6 思考题 …… 197
10.7 学员回顾内容 …… 197

上机部分

第 1 章　异常 …… 201
1.1　指导(1 小时 10 分钟) …… 201
1.2　练习(50 分钟) …… 205
1.3　作业 …… 205
第 2 章　I/O 流 …… 206
2.1　指导(1 小时 10 分钟) …… 206
2.2　练习(50 分钟) …… 212
2.3　作业 …… 212
第 3 章　JDBC(一) …… 213
3.1　指导(1 小时 10 分钟) …… 213
3.2　练习(50 分钟) …… 217
3.3　作业 …… 217
第 4 章　JDBC(二) …… 218
4.1　指导(1 小时 10 分钟) …… 218
4.2　练习(50 分钟) …… 223
4.3　作业 …… 223
第 5 章　Web 运行模式:Tomcat …… 224
5.1　指导(1 小时 10 分钟) …… 224
5.2　练习(50 分钟) …… 227
5.3　作业 …… 228
第 6 章　JSP(一) …… 230
6.1　指导(1 小时 10 分钟) …… 230
6.2　page 指令 …… 231
6.3　练习(50 分钟) …… 241
6.4　作业 …… 241
第 7 章　JSP(二) …… 242
7.1　指导(1 小时 10 分钟) …… 242
7.2　练习(50 分钟) …… 252
7.3　作业 …… 252

第8章 JSP(三) …… 253

8.1 指导(1小时10分钟) …… 253
8.2 练习(50分钟) …… 261
8.3 作业 …… 261

第9章 JSP标准动作 …… 262

9.1 指导(1小时10分钟) …… 262
9.2 练习(50分钟) …… 272
9.3 作业 …… 272

第10章 Java实用技术 …… 273

10.1 指导(1小时10分钟) …… 273
10.2 练习(50分钟) …… 281
10.3 作业 …… 281

理论部分

第1章 异常

学习目标

✧ 了解使用异常的原因。
✧ 理解 Java 的异常层次结构。
✧ 掌握 try、throw 和 catch 块检测、指出和处理异常。
✧ 掌握 finally 子句释放资源。
✧ 掌握声明新的异常类。

课前准备

掌握面向对象的基本概念，熟悉类的结构。

本章介绍

本章将介绍异常处理。异常是指程序运行期间出现的问题。这种问题不是严重的计算机硬件问题，也不是在程序编译时出现的问题，更不是因程序设计不良所导致的结果与预期不一致的问题。它是指：诸如用户的错误输入，或碰巧的计算结果导致一些程序运行时发生了致命的违背常理的错误，如“除零”。这些错误和软件本身的设计优劣无关，但是无法完全避免。它一旦发生会导致程序运行的停止，而不是以一种用户可控制的方式将问题通知用户。所以必须有一个机制来避免程序运行停止的现象，故引入异常。

Java 语言提供了一套完善的异常处理机制。正确运用这套机制，有助于提高程序的健壮性。所谓程序的健壮性，就是能采取周到的解决措施。而不健壮的程序则没有事先充分预计到可能出现的异常，或者没有提供强有力的异常解决措施，导致程序在运行时经常莫名其妙的终止，或者返回错误的运行结果，而且难以检测出现异常的原因。

本章首先概述异常处理的概念，然后举例说明基本的异常处理技术。我们将通过一个例子来说明这些技术。

1.1 Java 异常处理机制概述

要在程序中处理异常，主要考虑两个问题：

(1)如何表示异常情况？(2)如何控制处理异常的流程？

对于如何表示异常，Java 相对于传统的异常处理而言采用了面向对象的思想，具有更好的可维护性。Java 异常处理机制具有以下的优点：

➢ 把各种不同类型的异常情况进行分类，用 Java 类来表示异常情况，这种类被称为异常类。异常类使得处理异常具备可扩展和可重用的优势。

➢ 异常流程的代码和正常流程的代码分离，提高了程序的可读性，简化了程序的结构。

➢ 可以灵活地处理异常，如果当前方法有能力处理异常，就捕获并处理它，否则只需要抛出异常，由上一层来处理。

Java 中的一切都是对象。因此程序员可以创建异常类的层次结构。图 1-1 显示了 Throwable 类（Object 类的子类）的继承层次结构的一小部分，该类是所有异常的超类。只有 Throwable 对象才可以用于异常处理机制。Throwable 类有两个子类：Exception 和 Error。Exception 类及其子类（例如 RuntimeException 和 IOException 类，每个类均位于 java.lang 包中）代表 Java 程序中可能发生的异常情况，并且应用程序可以捕获这些异常情况 。Error 类及其子类（例如 OutOfMemoryError 类）代表 Java 运行时系统中可能发生的异常情况，但通常应用程序不应该捕获这些异常。

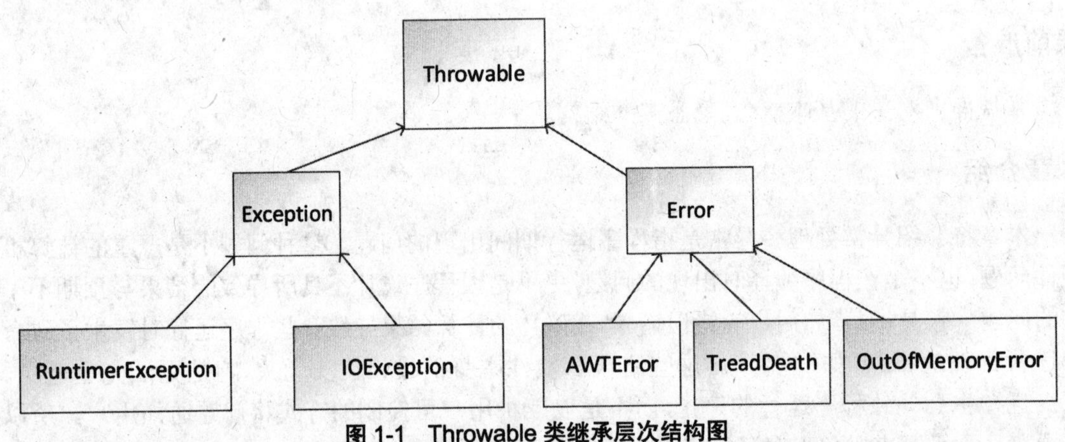

图 1-1 Throwable 类继承层次结构图

所有的异常都起源于 Throwable，但是 Throwable 分为两个分支：Error 和 Exception。

Error 分支用于 Java 运行时系统内部错误和资源耗尽错误。你无法抛出一个这种类型的错误。当这种内部错误发生时，你除了通知用户并试图终止程序以外基本无能为力。

Exception 也分为两个分支：派生自 RuntimeException 的异常和普通异常。对这两类区分的原则一般为：产生一个 RuntimeException 的原因是编程错误。而任何其他异常出现是因为程序碰上一个意外情况，例如一个 I/O 错误。

见表 1-1 中所列几种情况会导致派生自 RuntimeException 和非派生自 RuntimeException 的异常。

表 1-1 两种异常发生情况

RuntimeException	非 RuntimeException
一个错误的类型转换	试图读取一个文件结尾后面的数据
一个越界数组访问	试图打开一个错误的 URL
一个空指针访问	试图根据一个不代表任何存在类的字符串来找到一个 Class 类

记住一个原则:“如果它是一个 RuntimeException,那么这是你的错”。你可以通过判断数组下标是否超过数组边界来避免出现数组越界异常 ArrayIndexOutOfBoundsException。如果在使用一个变量之前首先判断它是否为 null,则空指针异常 NullPointerException 就可以避免。

常见的异常见表 1-2。

表 1-2 常见异常

异常类	说明
Exception	异常层次结构的根类
ArithmeticException	算术错误情形,如以零作除数
IllegalArgumentExeption	方法接收到非法参数
ArrayIndexOutOfBoundException	数组大小小于或大于实际的数组大小
NullPointerException	尝试访问 null 对象成员
ClassNotFoundException	不能加载所需的类
NumberFormatException	数字转化格式异常,比如字符串到 float 型数字的转换无效
IOException	输入输出
FileNotFoundException	找不到文件
EOFException	文件结束

我们从上面的描述中清楚了怎么样去表示异常,现在来看看如何去处理异常:Java 采用抓抛模型来完成对异常的处理。即系统在执行 Java 程序,比如执行一个方法,遇到了一个错误但无法处理,这时,该方法会抛出一个异常类的对象。如果存在一个异常处理程序,则该异常处理程序会捕获这一异常,并加以处理,然后继续执行程序。但是如果没有异常处理程序,则异常最终会被 Java 虚拟机捕获,并由 Java 虚拟机提示用户,终止程序的运行。如图 1-2 所示。

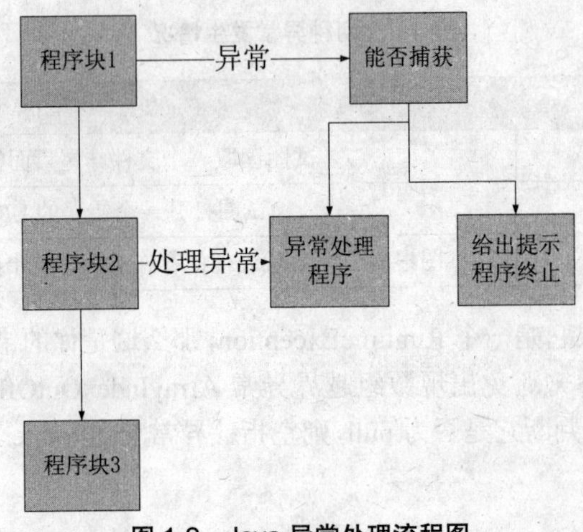

图 1-2 Java 异常处理流程图

1.2 运用 Java 异常处理机制

Java 为异常处理提供了 try...catch...finally 语句来支持异常处理。try 语句有关键字 try 和随后用于封装 try 块的大括号({})构成。try 块包含可能产生异常的语句,并且在 try 块后至少紧跟一条 catch 块或一条 finally 块。每个 catch 块在圆括号中指定一个异常类参数,用于表示该类 catch 块能够处理的异常类型。在最后一个 catch 块后是一个可选的 finally 块,无论异常是否发生,都会执行该块所提供的代码。

1.2.1 try...catch 语句:捕获异常

在 Java 语言中,用 try...catch 语言来捕获异常。格式如下:

```
try{
可能会出现异常情况的代码
}catch(异常类型一 e1){
处理出现的异常一类型的异常
}catch(异常类型二 e2){
处理出现的异常二类型的异常
}
```

try 块中包含可能会出现异常情况的代码,随后紧跟 catch 块,并且两个块之间不允许出现其他语句。try 块后面可以跟多个 catch 块以处理不同类型的异常,在括号中的异常类型是 Java 中的系统定义异常类或自定义异常类。

程序发生异常的地方称为抛出点。如果某个 try 块发生异常,就会生成一个描述所发生异常的对象,然后抛出该对象。这个 try 块也立即终止执行,程序控制转移到该 try 块后面的第一个 catch 块。该程序搜索第一个 catch 块，然后比较抛出的异常对象和 catch 块所捕获的异常对象类型是否相同。如果相同，将会执行该 catch 块中的代码，完成对异常的处理，然后忽略掉与该 try 块相关的其他 catch 块，并从 try...catch 序列后的第一行代码恢复执行。

如果 try 块没有发生异常，则程序忽略该块的 catch 部分。程序在 try...catch 序列后的第一行代码恢复执行。如果 catch 块无法处理 try 块中发生的异常，或者产生异常的语句并不位于 try 块中，则将该异常传递给系统，并且中止程序运行。整型变量相除，发生除零异常代码如示例代码 1-1 所示。

示例代码 1-1　整型变量相除，发生除零异常

```
package t01;
public class Exception1 {
    public static void main(String[] args) {
        int i, j, result;
        i = 10;
        j = 0;
        result = i / j;
        System.out.println(" 运算结果是：" + result);
        System.out.println(" 程序结束 ");
    }
}
```

上述代码我们将整型变量 j 的值设置为 0，则必然会产生除零异常，由于代码本身并没有捕获这一异常，故异常将抛出给系统。运行结果如图 1-3 所示。

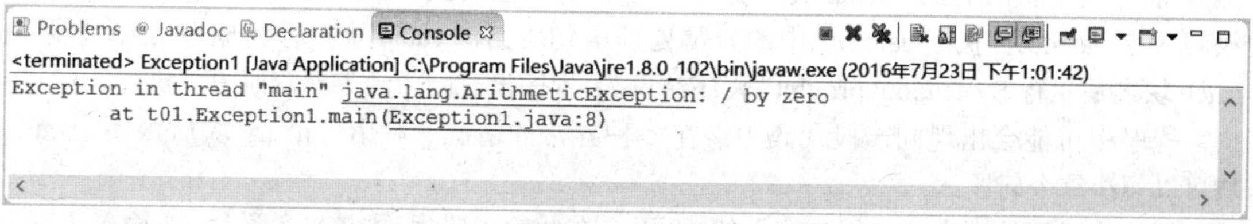

```
Problems @ Javadoc Declaration Console
<terminated> Exception1 [Java Application] C:\Program Files\Java\jre1.8.0_102\bin\javaw.exe (2016年7月23日 下午1:01:42)
Exception in thread "main" java.lang.ArithmeticException: / by zero
	at t01.Exception1.main(Exception1.java:8)
```

图 1-3　运行结果

根据提示可以看到由除零（by zero）引发的 ArithmeticException 异常。异常发生在 main() 函数的第 8 行，并且异常的产生导致程序中止，第 8 行以后的代码都没有执行。捕获除零异常代码如示例代码 1-2 所示。

示例代码 1-2　捕获除零异常

```
package t01;
public class Exception1 {
    public static void main(String []args){
```

```
            try{
                int i,j,result;
                i=10;
                j=0;
                result=i/j;
                System.out.println(" 运算结果是："+result);
            }catch(ArithmeticException e){
                System.out.println(" 发生除零异常 ");
            }
            System.out.println(" 程序结束 ");
        }
    }
```

程序运行结果如图 1-4 所示。

```
Problems @ Javadoc Declaration Console
<terminated> Exception1 [Java Application] C:\Program Files\Java\jre1.8.0_102\bin\javaw.exe (2016年7月23日 下午12:59:32)
发生除零异常
程序结束
```

图 1-4 运行结果

执行"result=i / j"语句时发生除零异常，生成 ArithmeticException 异常类的对象来描述所发生的异常，并在其初始化后抛出。由于上述语句被包含在 try 块中，故异常被 catch 块捕获，然后将产生的异常对象和 catch 块声明的捕获异常类型相比较，正好是同种类型，则程序控制权转入该 catch 块，执行 catch 块中的异常处理语句。当该 catch 块执行完成后，控制权跳到 catch 块之后执行 System.out.println(" 程序结束 ")，程序没有因为除零异常而中止执行。

程序中可能会出现同一段代码中潜在多种异常的情况。利用一个 try 块后跟多个 catch 块可以解决这个问题。

例 待运算的数字是由用户输入的，而用户在此输入错误，本该输入数字，却输入了一个字母。潜在多种异常示例代码如示例代码 1-3 所示。

示例代码 1-3 潜在多种异常示例

```
package t01;
public class Exception2 {
    public static void main(String[] args) {
    try {
            int i, j, result;
            String input = "12w";
            i = 10;
```

```
            // input 中保存用户所输入的数字，这里假设输入错误，输入字母
            j = Integer.parseInt(input);
            result = i / j;
            System.out.println(" 运算结果是：" + result);
        } catch (ArithmeticException e1) {
            System.out.println(" 发生除零错误 ");
        } catch (NumberFormatException e2) {
        System.out.println(" 所输入的内容非数字 ");
        }
        System.out.println(" 程序结束 ");
    }
}
```

程序运行结果如图 1-5 所示。

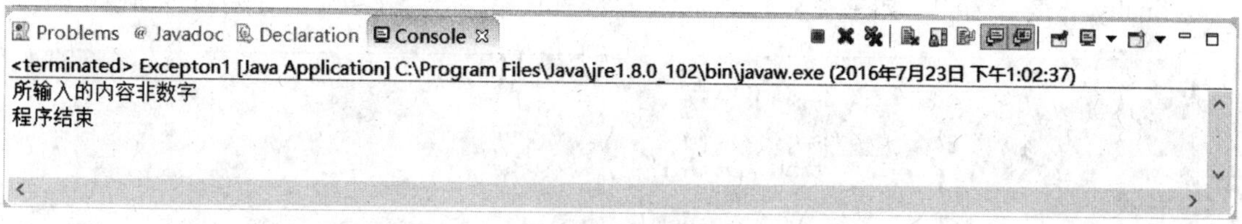

```
Problems  @ Javadoc  Declaration  Console
<terminated> Excepton1 [Java Application] C:\Program Files\Java\jre1.8.0_102\bin\javaw.exe (2016年7月23日 下午1:02:37)
所输入的内容非数字
程序结束
```

图 1-5　运行结果

上面的程序中 try 块部分就潜在着两种类型的异常：除零和类型转换异常。故在 try 块后跟有两个 catch 块分别对这两种类型的异常进行捕获。

有时在程序开发中一段代码会遇到不止一个异常，但业务逻辑上又不需要去区分它们，只需要捕获它使程序不停止就行了。对于这种情况，在 catch 块中不用将每一种异常都写出来，只需要给出异常的基类就可以了，那么产生的所有类型的异常都和这个基类相匹配。如

```
try{
…
}catch(Exception e){
…
}
```

上述结构中 try 内不管发生何种异常都能够被随后的 catch 块所捕获。但是下面这种写法就没有意义了。

```
try{
…
}catch(Exception e1){
…
```

```
}catch(IOException e2){
…
}
```

由于第一个 catch 块匹配所有的异常，以至于在 try 块中产生的异常即便是 IOException 异常也无法被第二个 catch 块所捕获。为了避免这种现象发生，上述语句在 Java 中被认为是一个语法错误。

1.2.2 finally 语句：任何情况下都必须执行的代码

获取某种类型资源的程序必须显式地将这些资源返回给系统，以避免资源泄露。在诸如 C 和 C++ 等编程语言中，最常见的资源泄漏是内存的泄漏。Java 对程序不再使用内存执行自动垃圾收集，因而避免了大多数的内存泄漏。然而，Java 仍有可能出现其他种类的资源泄漏，例如，没有正确关闭文件、数据库连接和网络连接，则其他程序将不能使用这些资源，甚至同一程序的其他执行部分也不能使用它们。

finally 块是可选的。如果存在的话，应将其放置在最后一条 catch 块的后面，形式如下：

```
try{
    //可能产生异常的代码
}
catch
{
    //捕获异常后执行的代码
}
finally
{
    //任何情况下都必须执行的代码
}
```

无论相应的 try 块和 catch 块是否抛出异常，Java 都将保证执行 finally 块(如果在 try...catch 序列后面存在一条 finally 块)。如果使用 return、break 或 continue 语句推出 try 块，Java 也将保证执行 finally 块(如果存在一条 finally 块)。

finally 块通常放置资源的释放代码。假设在 try 块中分配了某个资源。如果没有异常发生，则跳过 catch 块，并且程序控制将执行 finally 块以释放该资源。接着程序控制将从 finally 块后的第一条语句继续执行。如果发生异常，则程序跳过剩下的 try 块。如果程序的某个 catch 块捕获到异常，则该程序将处理该异常。然后 finally 块释放该资源，而程序控制将从 finally 块后的第一条语句继续执行。

如果和 try 块相匹配的 catch 块没有捕获 try 块发生的异常，则该程序跳过剩下的 try 块，并且程序控制将执行 finally 块以释放资源。然后该程序将异常传递给调用方法，由它尝试着捕获异常。

```
void fun(){
  try{
    ...
  }catch( 异常类型 e){
    处理出现的异常
  }finally{
    释放资源
  }
}
void main(String args[]){
    ...
  }catch( 异常类型 e){
    处理出现的异常
  }finally{
    释放资源
  }
```

正常情况，fun() 函数中的异常将被 fun() 函数中 catch 块捕获。但是假设在 fun() 函数中产生的异常类型和 fun() 函数中的 catch 块不匹配，则程序控制权会跳转到 fun() 函数中的 finally 块，在执行了 fun() 函数中的 finally 后，该异常并没有被真正的处理，它会继续回到调用 fun() 函数的代码处，main() 主函数在捕获到这个异常后，会将该异常和 main 中的 catch 块处理的异常种类去匹配。匹配则程序控制权转到该 catch 块内，不匹配则抛出给系统，程序终止运行。异常处理流程代码如示例代码 1-4 所示。

示例代码 1-4　异常处理流程示例

```
package t01;
public class Exception3 {
    public static void main(String[] args){
        try{
            Tools.fun();
        }catch(NumberFormatException e){
            System.out.println(" 所输入的内容非数字 ");
        }
        System.out.println(" 程序结束 ");
    }
}
class Tools{
    public static void fun(){
```

```
        try{
            int i,j,result;
            String input="12w";
            i=10;
            j=Integer.parseInt(input);
            result=i/j;
            System.out.println(" 运算结果是："+result);
        }catch(AbstractMethodError e){
            System.out.println(" 发生除零错误 ");
        }
    }
}
```

程序运行结果如图 1-6 所示。

```
Problems  @ Javadoc  Declaration  Console ⊠
<terminated> Exception3 [Java Application] C:\Program Files\Java\jre1.8.0_102\bin\javaw.exe (2016年7月23日 下午1:07:22)
所输入的内容非数字
程序结束
```

图 1-6 运行结果

1.2.3 throws 子句：声明可能出现的异常

如果一个方法可能出现异常，但没有能力处理这种异常，可以在方法声明处用 throws 子句来声明抛出异常。例如领导张三指派员工李四完成一项非常困难的任务，李四估计自己的能力有所欠缺，无法完全胜任这一任务。那么他就事先和张三说明：自己负责的任务可能会出差错，领导你要有所准备，格式如下：

```
访问修饰符 返回类型 函数名称（参数列表）throws 异常 1，异常 2
```

函数只负责去完成动作，其中所产生的异常就谁调用谁就负责处理。根据异常声明，方法调用者了解到被调用方法可能抛出的异常，从而采用相应的措施：捕获并处理异常，或者继续抛出异常。声明异常代码如示例代码 1-5 所示。

示例代码 1-5 声明异常

```
package t01;

public class Exception4 {
    public static void main(String[] args){
```

```
            try{
                _Tools2.fun();
            }catch(NumberFormatException e1){
                System.out.println(" 所输入的内容非数字 ");
            }catch(ArithmeticException e2){
                System.out.println(" 发生除零错误 ");
            }
            System.out.println(" 程序结束 ");
    }
}

class _Tools2{
    public static void fun() throws ArithmeticException,
NumberFormatException{
                int i,j,result;
                String input="0";
                i=10;
                j=Integer.parseInt(input);
                result=i/j;
                System.out.println(" 运算结果是: "+result);
    }
}
```

程序运行结果如图 1-7 所示。

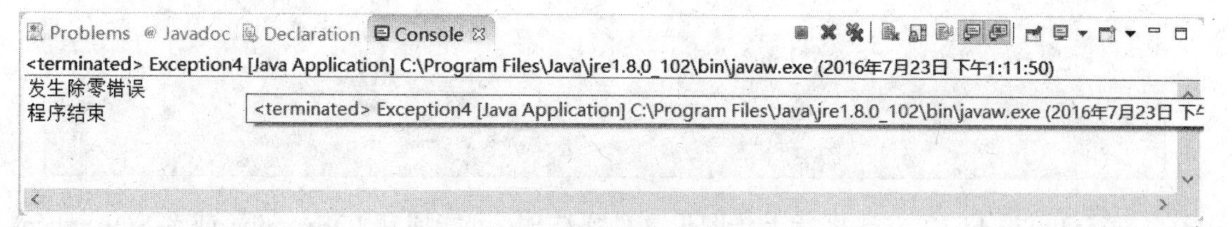

图 1-7　运行结果

Tools2 类中声明了一个 fun() 方法，负责完成两数相除，但可能发生除零异常，fun() 方法就不再处理了，而是将可能发生的异常声明出来，放在调用 fun() 方法的 main() 主方法中去捕获处理。

1.2.4　throw 语句：抛出异常

在分层的软件结构中，会存在自上而下的依赖关系，也就是说上层的子系统会访问下层子系统的 API。图 1-8 显示了一个典型的分层结构。

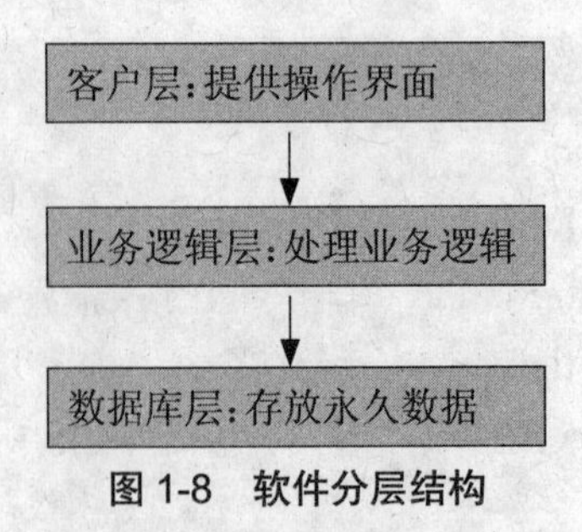

图 1-8 软件分层结构

在图中,客户层访问业务逻辑层,而业务逻辑层访问数据库层。数据库层把异常抛给业务逻辑层,业务逻辑层把异常抛给客户层,客户层则把异常抛给终端用户。当位于最上层的子系统不需要关心来自底层的异常细节时,常见的做法是捕获原始的异常,把它转换为一个新的不同类型的异常,再抛出新的异常,这种处理异常的办法称为异常转译。例如:假设终端用户通过客户界面把一个图像文件上传到数据库汇总,客户层调用业务逻辑层的 uploadImageFile() 方法。

```
public void uploadImageFile(String imagePath) throws UploadException{
try{
// 上传图像文件
...
}catch(IOException e1){
// 把原始异常信息记录到日志中去,便于排错
...
throw new UploadException();// 抛出新异常
}catch(SQLException e2){
// 把原始异常信息记录到日志中去,便于排错
...
throw new UploadException();// 抛出新异常
}
}
```

uploadImageFile() 方法执行上传图像文件操作时,可能捕获 IOExeption 或者 SQLException。但是用户没有必要关心异常的底层细节,他们仅仅需要知道上传图像失败,具体的调试和排错由系统管理员或者软件开发人员来处理,因此, uploadImageFile() 方法捕获到原始的异常后,在 catch 代码块中先把原始的异常信息记入日志,然后向用户抛出 UploadException 异常。

这里所有的抛出动作都需要程序员手动的进行抛出,从上面的例子中已经看到了这种抛出方式:

```
throw new 异常类 ();
```

相当于先创建了一个描述发生问题的异常现象的对象，然后利用 throw 语句抛出这个对象。

1.2.5　用户定义异常

在上面的例子中有一个我们比较迷糊的地方就是 UploadException 这是一个什么类，从程序的语义来看，它代表的是图片上传过程中出现的异常。但是在 Java 的文档中又找不到这个异常类。这就是接下来要讨论的自定义异常类。

在特殊的问题领域，可以通过扩展 Exception 类来创建自定义的异常。异常类包含和异常相关的信息，这有助于负责捕获异常的 catch 代码块正确地分析并处理异常。比如服务器超时，这在所有的服务器软件中都存在的异常，但是，对这种异常的捕获严重的依赖服务器软件本身。如果服务器软件没有提供和 Java 相兼容的异常接口，则无法向其他层次告知发生的异常。所以必须提供一个类来封装这一异常。

```
public class ServerTimedOutException extends Exception{
 public String reason;   // 异常原因
 private int port;       // 服务器端口
 public ServerTimedOutException(String reason,int prot){
     this.reason = reason;
     this.port = port;
 }
public String getReason(){
     return reason;
}
public int getPort(){
     return port;
 }
}
```

这样我们可以自行抛出服务器超时异常。

```
throw new ServerTimedOutException(" 不能连接服务器 ",80);
```

例　用我们所熟悉的链表操作来观察自定义异常如何工作。自定义异常使用如示例代码 1-6 所示。

示例代码 1-6　自定义异常使用

```
package t01;
public class Exception5 {
     public static void main(String args[]){
          LinkedList list=new LinkedList();
```

```
            Boolean bool=Boolean.TRUE;
            Character character=new Character('@');
            Integer integer=new Integer(34567);
            String string="hello";

            list.insertAtFirst(bool);
            list.print();
            list.insertAtFirst(character);
            list.print();
            list.insertAtFirst(integer);
            list.print();
            list.insertAtFirst(string);
            list.print();
            try{
                Object removedObject=list.removeFromFront();
                System.out.println(removedObject.toString()+" 被删除 ");
                list.print();

                removedObject=list.removeFromFront();
                System.out.println(removedObject.toString()+" 被删除 ");
                list.print();
    removedObject=list.removeFromBack();
                System.out.println(removedObject.toString()+" 被删除 ");
                list.print();

                removedObject=list.removeFromBack();
                System.out.println(removedObject.toString()+" 被删除 ");
                list.print();
                removedObject=list.removeFromBack();
                System.out.println(removedObject.toString()+" 被删除 ");
                list.print();
            }catch(EmptyListException e){
                System.out.println(e.getMessage());
            }
        }
}
//元素节点类
class ListNode{
```

```
    Object data;  // 节点的数据
    ListNode nextNode;  // 节点的地址区,用于引用当前节点的下一个节点

  ListNode(Object object){
        this(object,null);
  }
  ListNode(Object object,ListNode node){
        data=object;
        nextNode=node;
  }
  Object getObject(){
        return data;
  }
  ListNode getNext(){
        return nextNode;
  }
}
// 链表类
class LinkedList{
  private ListNode firstNode; // 链表首元素
  private ListNode lastNode;  // 链表末尾元素
  private String name;        // 链表名称
  public LinkedList(){
  this(" 列表 ");
  }
  // 构造函数完成链表名称的设置,并将首元素和尾元素均声明为空
  public LinkedList(String listName){
        name=listName;
        firstNode=lastNode=null;
  }
  // 在链表头部插入元素
  public void insertAtFirst(Object insertItem){
        if(isEmpty())
            // 如果链表为空,则新添加元素为链表的唯一元素,即为首元素也为尾元素
            firstNode=lastNode=new ListNode(insertItem);
        else
  {
            // 如果链表不为空,则将新元素添加到链表尾
```

```
            lastNode.nextNode=new ListNode(insertItem);
            // 将新元素设置为尾元素
        lastNode=lastNode.nextNode;
    }
  }
  // 从链表头删除首元素
  public Object removeFromFront() throws EmptyListException{
        if(isEmpty())
            // 如果链表为空,则抛出自定义异常。
            throw new EmptyListException(name);
        Object removedItem=firstNode.data;

        if(firstNode==lastNode)
            firstNode=lastNode=null;
        else
            firstNode=firstNode.nextNode;
        return removedItem;
  }
  // 从链表尾删除尾元素
  public Object removeFromBack() throws EmptyListException{
        if(isEmpty())

             throw new EmptyListException(name);
        Object removedItem=lastNode.data;
        if(firstNode=lastNode)
             firstNode=lastNode=null;
        else{
             ListNode current=firstNode;
             // 定位到链表尾元素的前一个元素,将该元素设为尾元素,即将原尾
元素删除
             while(current.nextNode!=lastNode)
                  current=current.nextNode;
             lastNode=current;
             current.nextNode=null;
        }
        return removedItem;
  }
  // 判断链表是否为空
```

```
    public boolean isEmpty(){
        return firstNode=null;
    }
    //打印链表
    public void print(){
        if(isEmpty()){
            System.out.println(name+" 列表为空 \n");
            return;
        }
        System.out.print(" 列表 "+name+" 中包含：");
        ListNode current=firstNode;
        while(current!=null){
            System.out.println(current.data.toString()+" ");
            current=current.nextNode;
        }
        System.out.println("\n");
    }
}
//自定义异常类,构造函数设置异常的原因
class EmptyListException extends Exception{
    public EmptyListException(){
        this(" 列表 ");
    }
    public EmptyListException(String name){
        super(name+" 是空的 ");
    }
}
```

运行结果如图 1-9 所示。

```
Problems  Javadoc  Declaration  Console
<terminated> Exception5 [Java Application] C:\Program Files\Java\jdk1.8.0_101\bin\javaw.exe (2016年10月17日 上午9:25:39)
列表列表中包含：true


列表列表中包含：true
@


列表列表中包含：true
@
34567


列表列表中包含：true
@
34567
hello


true被删除
列表列表中包含：@
34567
hello


@被删除
列表列表中包含：34567
hello


hello被删除
列表列表中包含：34567


34567被删除
列表列表为空

列表是空的
```

图 1-9　运行结果图

1.3　异常处理原则

1.3.1　异常只能用于非正常的情况

异常只能用于非正常的情况，不能用异常来控制程序的正常流程。以下程序代码用抛出异常的手段来结束正常的流程：

```
public static void initArray(int[] array){
  try{
     int i = 0;
     while(true){
       array[i++] = 1;
     }
  }catch(ArrayIndexOutOfBoundsException e){}
}
```

这种处理方式有以下缺点：

➢ 滥用异常流程会降低程序的性能。

➢ 用异常类来表示正常情况，违背了正常处理机制的初衷。在遍历 array 数组时，访问到最后一个元素时，应该正常结束循环，而不是抛出异常。

➢ 模糊了程序代码的意图，影响可读性。如果把 initArray() 方法改为以下实现方法，程序代码就会一目了然。

```
public static void initArray(int[] array){
 for(int i = 0;i < array.length;i++)
 array[i] = 1;
}
```

1.3.2　避免过于庞大的 try 代码块

有些程序员喜欢把大量代码放入单个 try 代码块中，这看起来省事，实际上不是好的编程习惯。try 代码块的代码越庞大，出现异常的地方就越多，要分析发现异常的原因就越困难。有效的做法是分割各个可能出现异常的段落，把它们分别放在单独的 try 代码块中，从而分别捕获异常。

1.3.3　在 catch 子句中制定具体的异常类型

有些程序员喜欢用 catch(Exception e) 子句来捕获所有异常。例如在以下打印机的 print() 方法中，用 catch(Exception e) 子句来捕获所有的异常，包括 OutOfInkException 和 OutOfPaper-Exception。

```
public void print(){
while( 文件未打印完 ){
try{
 打印一行
}catch(Exception e){…}
}
```

以上代码看起来省事，实际上不是好的编程习惯，理由如下：

➢ 俗话说对症下药，对不同的异常通常有不同的处理方式。以上代码意味着对各种异常采用同样的处理方式，这是不现实的。

➢ 会捕获本应该抛出的运行时异常，掩盖程序中的错误。

正确的做法是在 catch 子句中制定具体的异常类型。

```
public void print{
 while( 文件未打印完 )
{
try{
打印一行
}catch(OutOfInkException e1){
do{
   等待用户更换墨盒
  }while( 用户没有更换墨盒 )
 }catch(OutOfPaperException e2){
do{
   等待用户添加打印纸
 }while( 用户没有添加打印纸 )
  }
 }
```

1.3.4 不要在 catch 代码块中忽略被捕获的异常

只要异常发生，就意味着某些地方出问题了，catch 代码块既然捕获了这种异常，就应该提供处理异常的措施，比如：

➢ 处理异常。针对该异常采取一些行动，比如弥补异常造成的损失或者给出警告信息等。

➢ 重新抛出异常。catch 代码块在分析了异常之后，认为自己不能处理它，重新抛出异常。

➢ 进行异常转译。把原始异常包装为适合于当前抽象层的另一种异常，再将其抛出。

➢ 假如在 catch 代码块中不能采取任何措施，那就不要捕获异常，而是用 throws 子句声明将异常抛出。

以下两种处理方式是应该避免的。

```
try{
…
}catch(Exception e){}// 对异常不采取任何操作
```

和

```
try{
…
}catch(Exception e){e.printStackTrace();}// 仅仅打印异常信息
```

在 catch 代码块中调用异常类的 printStackTrace() 方法对调试程序有帮助，但程序调试阶段结束之后，printStackTrace () 方法就不应该在异常处理代码块中担负主要责任，因为只靠打印异常信息并不能解决实际问题。

1.4　小结

✓ Java 的异常处理涉及 5 个关键字：try、catch、throw、throws 和 finally。

✓ 异常处理流程由 try、catch 和 finally 3 个代码块组成。其中 try 代码块包含了可能发生异常的程序代码；catch 代码块紧跟在 try 代码块后面，用来捕获并处理异常；finally 代码块用于释放被占用的相关资源。

✓ Exception 类表示程序中出现异常，只要通过处理，就可以使程序恢复运行异常。对于方法中可能出现的受检查异常，要么用 try...catch 语句捕获并处理它，要么用 throws 子句声明抛出它，Java 编译器会对此做检查。

1.5　英语角

exception	异常
arithmetic	算数
illegal	不合法的
argument	参数

1.6　作业

1. 如果 try 块没有抛出异常，则在该 try 块结束之时控制会转移到哪里？
2. 使用 catch(Exception e) 的关键好处是什么？
3. 如果有几个 catch 块都与抛出的异常类型相匹配，则会产生什么后果？

1.7　思考题

1. 为什么异常处理技术不应该用于常规的程序控制？请给出原因。
2. 在 catch 块中抛出一个 Exception 时，会产生什么后果？

1.8 学员回顾内容

1. 异常和错误的区分。

2.try、catch、finally 结构。

3. 自定义异常类的使用。

第 2 章　I/O 流

学习目标

✧ 了解 I/O 流概念。
✧ 理解 I/O 层次结构。
✧ 掌握使用字节流。
✧ 掌握使用字符流。

课前准备

掌握面向对象的基本概念，熟悉类的结构。

本章简介

绝大部分的编程工作都涉及数据的传递控制。比如数据写入文件，从文件中读取到内存，或是在两台计算机之间传递。Java 中的 I/O 和 C++ 中的 I/O 一致，也采用流的方式来实现，即将数据的传递看作为数据在目的 和源之间流动。一旦建立起 I/O 流，就可以利用流所提供的方法在指定的源和目的间传递数据，而不需要关心数据具体是如何传送的。而且 Java 支持双字节内码，故 I/O 的功能比 C++ 强大。

Java 中的 I/O 系统负责处理程序的输入和输出，I/O 类库位于 java.io 包中，对各种常见的输入和输出流进行了抽象化处理。在 Java 中按照 I/O 处理数据的不同，分为字符流和字节流。又按照功能的不同，分为底层流和高层流。

2.1　字节流

如果 I/O 是将字节作为最小的传输单元，则该 I/O 流就是字节流。字节流由相应的数据流和操作流构成。类层次图如图 2-1 所示。

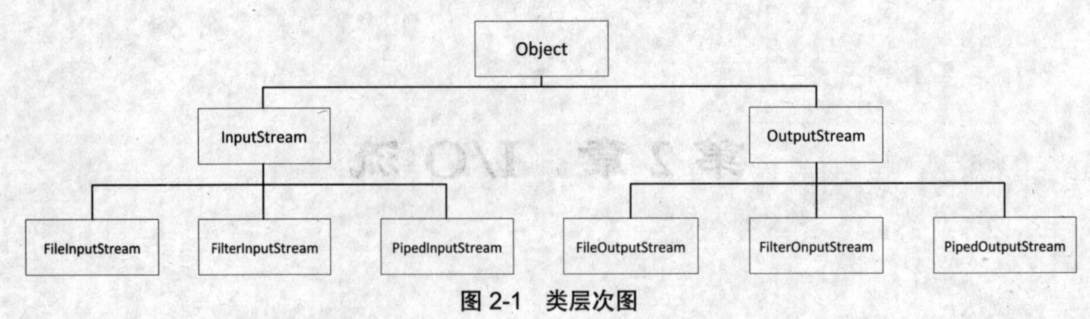

图 2-1 类层次图

2.1.1 数据流

负责搭建字节数据传输的通道，负责字节数据的传输，是底层流，只提供了基本的字节数据访问方法。

其中 InputStream 和 OutputStream 是所有字节流类的基类，都是抽象类，不能实例化，通过定义了若干的方法来规范派生类的行为，如 I/O 结束后必须关闭流等。

1.InputStream

一个抽象类，是所有字节输入流类的基类，完成将字节从流中读出。它的派生类必须实现输入下一个字节的方法，即 read( ) 方法，也就意味着所有的字节输入流类都能完成单字节的输入。

重要方法：

```
public abstract int read( ) throws IOException
```

从当前输入流中读取数据的下一个字节。返回的字节值是在 0 到 255 范围内的一个 int 数。如果已读到流的末尾，没有再可读的字节时，则返回 -1。该方法将一直阻塞，直到有输入数据、检测到了数据流尾或抛出异常。如果遇到输入流的结尾，则返回 -1。如果发生某个 I/O 错误，则抛出 IOException 异常。

```
public int read(byte[ ] b) throws IOException
```

从输入流中读取若干个字节，把它们保存到参数 b 指定的字节数组中。返回的整数表示读取的字节数。如果遇到输入流的结尾，则返回 -1。如果发生某个 I/O 错误，则抛出 IOException 异常。

```
public int read(byte[ ] b,int off,int len) throws IOException
```

从输入流中读取若干个字节，把它们保存到参数 b 指定的字节数组中。参数 off 指定在字节数组中开始保存数据的起始下标，参数 len 指定读取的字节数目。返回的整数表示实际读取的字节数。如果遇到输入的结尾，则返回 -1。如果发生某个 I/O 错误，则抛出 IOException 异常。

```
public void close( ) throws IOException
```

关闭当前输入流，并释放与它相关的系统资源。InputStream 的 close() 方法不做任何事。如果发生某个 I/O 错误，则抛出 IOException 异常。

```
public int available( ) throws IOException
```

返回可以从输入流中读取的字节数目。如果发生某个 I/O 错误，则抛出 IOException 异常。

2.OutputStream

一个抽象类，是所有字节输出流类的基类，完成将字节写入到流中。它的派生类必须实现输出的下一个字节的办法，即 write() 方法，也就意味着所有的字节输出流类都能完成单字节的输入。

重要方法：

```
public abstract void write(int b) throws IOException
```

将指定字节写入当前输入流。OutputStream 的子类必须提供此方法的一个实现。如果发生某个 I/O 错误，则抛出 IOException 异常。

```
public void write(byte[ ] b) throws IOException
```

把参数 b 指定的字节数组中的所有字节写到输出流。如果发生某个 I/O 错误，则抛出 IOException 异常。

```
public void write(byte[ ] b,int off,int len) throws IOException
```

把参数 b 指定的字节数组中的若干字节写到输出流，参数 off 指定字节数组的起始下标，从这个位置开始输出由参数 len 指定数目的字节。如果发生某个 I/O 错误，则抛出 IOException 异常。

```
public void flush( ) throws IOException
```

刷新当前输出流，将任何缓冲输出的字节输出到此流中。OutputStream 的 flush() 方法不做任何事。它的一些带有缓冲区的子类覆盖了 flush() 方法。通过带缓冲区的输出流写数据时，数据先保存在缓冲区中，积累到一定程度才会真正写到输出流中。缓冲区通常用字节数组实现，实际上是指一块内存空间。flush() 方法强制把缓冲区内的数据写到输出流中。如果发生某个 I/O 错误，则抛出 IOException 异常。

```
public void close( ) throws IOException
```

关闭当前输出流，且释放与它相关的任一系统资源。OutputStream 的 close() 方法不做任何事。如果发生某个 I/O 错误，则抛出 IOException 异常。

3.FileInputStream

InputStream 的派生类，完成从文件中读取字节数据。其基本步骤是：

- 建立文件输入流；
- 读入字节数据；
- 关闭。

重要方法：

```
public FileinputStream(String name) throws FileNotFoundException
```

创建一个输入文件流，从 name 指定名称的文件读取数据。name 中包含了文件路径信息。如果找不到指定文件，则抛出 FileNotFoundException 异常。

```
public FileinputStream(File file) throws FileNotFoundException
```

创建一个输入文件流，从指定的 File 对象读取数据。建立字节流读取文件中的数据如示例代码 2-1 所示。

示例代码 2-1 建立字节流读取文件中的数据

```
import java.io.File;
import java.io.FileInputStream;
public class FileInputStreamTest {
 public static void main(String[] args) {
     String s="";
     int i;
     try{
     // 建立起文件输入流，注意 \\ 为对 \ 的转义
     FileInputStream in=new FileInputStream("c:\\demo.txt");
     // 利用循环依次读取文件中的所有字节
     while((i=in.read())!=-1){
     // 强制将字节转换成字符
     s=s+(char)i;
     }
     }catch(Exception e){
     s=" 文件未找到 ";
     }
     System.out.println(s);
  }
 }
```

如果文件很大，为了提高读文件的效率，可以利用 read(byte[ ] buff) 方法，它能减少物理读文件的次数。使用 read(byte[] buff) 方法读取文件代码如示例代码 2-2 所示。

示例代码 2-2 使用 read(byte [] buff) 方法读取文件

```
final int size = 1024;
        byte[] buff = new byte[size];
        String s = "";
        int i;
        try{
            FileInputStream in=new FileInputStream("c:\\demo.txt");
            int len=in.read(buff);
            s=new String(buff);
            System.out.println(s);
        }catch(Exception e){
            s=" 文件未找到 ";
                        }
```

4. FileOutputStream

OutputStream 的派生类，完成往文件中写入字节数据。其基本步骤是：

- 建立文件输入流；
- 写入字节数据；
- 关闭。

构造函数：

```
public FileOutputStream(String name) throws FileNotFoundException
```

创建一个文件输出流，向指定名称的文件输出数据。其中的文件如果不存在，就在指定路径创建一个，否则就覆盖现有文件。如果找不到指定文件，则抛出 FileNotFoundException 异常。

```
public FileOutputStream(String name,boolean append) throws FileNotFoundException
```

用指定系统的文件名，创建一个输出文件。boolean 如果值为 false, 则同上；如果为 true, 则当文件存在时，就将数据写入到文件的末尾，即添加到文件的最后。

2.1.2 操作流

高层流，不从 I/O 设备中读取或写入数据，仅从其它流中读取或写入数据，提供了普通流所没有提供的方法来简化编程，提高 I/O 的效率。

操作流类其实利用了“装饰器”设计模式，本身继承了 InputStream 类，计入了大量的方法，用来“装饰”其他数据流类，避免了大量创建新的功能类。

假设已经有了三个类：客户、个人客户、团体客户，它们存在如图 2-2 所示的继承关系。

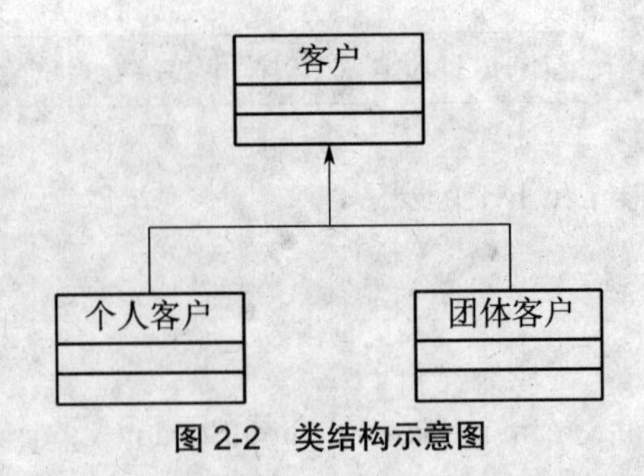

图 2-2 类结构示意图

接下来要进一步扩展类“个人客户”和类“团体客户”的功能，新增加的三种功能分别用“积分”、“打折”和“反点”表示。类“个人客户”和类“团体客户”的有些子类只新增了一种功能，有些子类新增了两种功能，有些子类新增了三种功能。因此类“个人客户”的子类数目为 2^3-1，即 7 个子类。

由此可见，采用继承的方式来扩展类“个人客户”和类“团体客户”的功能，会导致子类的数目急剧增多，而且存在重复代码。

为了减少类的数目，并且提高代码的可重用性，可以采用装饰器设计模式。在这种模式中，把需要扩展的功能放在装饰器类中，装饰器类继承类“客户”，因此拥有“客户”类的所有功能。在装饰器类中还包装了一个“客户”类的实例，因此装饰器不仅拥有“客户”类的实例的功能，并且还能扩展“客户”类实例的功能。在本例中，可以创建三个装饰器类：Decorator1、Decorator2、Decorator3，它们分别提供一种新增的功能，如图 2-3 所示。

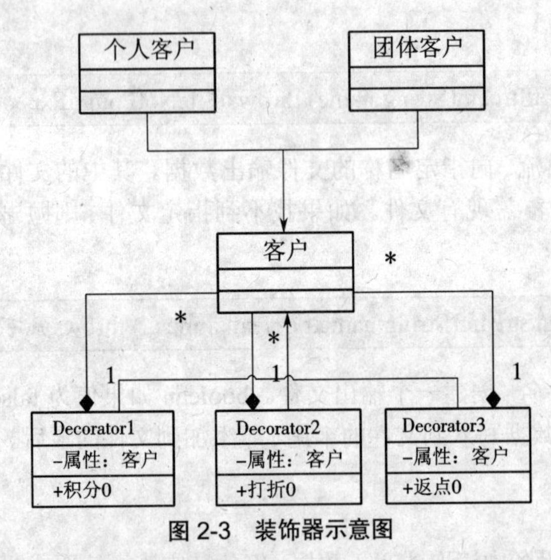

图 2-3 装饰器示意图

每个装饰器类都有如下形式的构造方法：

Decorator1（客户 a）——参数 a 指定需要被装饰的实例。在以下程序中，对“个人客户”类和“团体客户”类的实例进行了装饰，使它们分别具有 method 1() 和 method 2() 的功能。

```
个人客户 b=new 个人客户 ();
Decorator1 d1=new Decorator1(b);   // 用 Decorator1 装饰实例 b
d1.method1();

团体客户 c=new 团体客户 ();

Decorator2 d2=new Decorator2(c);   // 用 Decorator2 装饰实例 c
d2.method2();
```

上面第一段代码，将“个人客户”的对象实例作为装饰器类构造函数的参数，利用装饰器来修饰“个人客户”，使得“个人客户”拥有“积分”功能。相当于创建了一个“个人客户”的派生类。第二段代码也类似，使得“团体客户”拥有“打折”功能。相当于创建了一个“团体客户”的派生类。

由此可见，装饰器设计模式可以简化类的继承关系，并且提高代码的可重用性。程序可以根据需要，灵活的决定到底使用哪些装饰器类。

1.BufferedInputStream

BufferedInputStream 该类实现一个带缓冲的输入流。通过创建该流，不必为每个读取的字节调用基本系统就能将字节读入字节流中，数据以分块形式暂存于缓存区中，然后就可对该区以顺序方式进行访问，极大提高了程序的效率。

重要方法：

```
public BufferedInputStream(InputStream)
```

创建一个新的缓冲输入流以便从指定输入流中以缺省 512 字节缓冲区尺寸来读取数据。

```
public BufferedInputStream(InputStream,int)
```

创建一个新的缓冲输入流以便从指定输入流中以指定缓冲区尺寸读取数据。

2.BufferedOutputStream

该类实现一个带缓冲的输出流。通过创建该流，不必为每个写入字节调用基本系统就能将字节写入缓冲区，若达到缓冲区容量、缓冲区输出流关闭或缓冲区输出流显式刷新，那就将数据再写入基本流中。

重要方法：

```
public BufferedOutputStream(OutputStream)
```

创建一个新的缓冲输出流以便向指定输出流中以缺省 512 字节缓冲区尺寸写入数据。

```
public BufferedOutputStream(OutputStream,int)
```

创建一个新的缓冲输出流以便向指定基本输出流中以指定缓冲区大小写入数据。

3.PrintStream

该类用于完成字节数据的输出。和 OutputStream 不同的是，该类提供了 print() 和 printIn() 方法，使输出不再被限制于单个字节且带有缓冲区。

```
public PrintStream(OutputStream out)
```

创建一个新的打印流，打印的字节将输出到形参所指定字节流。

```
public PrintStream(OutputStream out,boolean autoFlush)
```

创建一个新的 PrintStream。如果 autoFlush 为真，则当一行终止或写入一个换行字符('\n') 时，刷新输出缓冲区。

```
public void flush()
```

刷新流。将任一缓冲字节写入基本输出流然后刷新此流。

```
public void println( 类型 x)
```

输出 x 到输出流，并在数据末尾添加换行。类型可以为：boolean、char、char[]、string, Object、int、double、float。

有了操作流我们可以轻易实现在《面向对象程序设计基础》中没有实现的字符界面的键盘输入功能。键盘输入实现代码如示例代码 2-3 所示。

示例代码 2-3　键盘输入实现

```
package t02;
        import java.io.*;
        public class Input2{
          public static void main(String args[]){
            try{
              // 创建带有缓冲的字截输入流
              BufferedInputStream bi=new BufferedInputStream(System.in);
              String s="";
              int i;
              // 利用循环读取键盘上的输入，并将其转换成字符判断是否不为回车
              while((char)(i=bi.read())!='\n'){
              s=s+(char)i;
              }
              // 创建字节打印输出流，套接系统默认输出流
              PrintStream out=new PrintStream(System.out);
              out.println(s);
```

```
        PrintStream out=new PrintStream(System.out);
            out.println(s);
        }catch(Exception e){
            System.out.println("I/O 错误 ");
        }
    }
}
```

程序运行结果如图 2-4 所示。

```
Problems  @ Javadoc  Declaration  Console
<terminated> Input2 [Java Application] C:\Program Files\Java\jre1.8.0_102\bin\javaw.exe (2016年7月23日 下午2:23:36)
Holle world!
Holle world!
```

图 2-4　运行结果

上面 BufferedInputStream bi=new BufferedInputStream(System.in) 这条语句就是典型的装饰器处理方式。System 包中的 in 对象是从 InputStream 中派生出来，代表标准输入设备键盘。作为参数传递到装饰器类 BufferedInputStream 中去，使 in 对象具备了缓冲功能。

同样 PrintStream out=new PrintStream(System.out) 这条语句也一样。System 包中的 out 对象是从 OutputStream 中派生出来，代表标准输出设备显示器。作为参数传递到装饰器类 PrintStream 中去，使 out 具备了输出一行的功能。

2.2　字符流

在许多应用场合，Java 程序需要读写文本。在文本文件中存放了采用特定字符编码的字符。为了便于读写采用各种字符编码的字符，java.io 包中提供了 Reader/Writer 类，分别表示字符输入和字符输出流。其类层次图如图 2-5 所示。

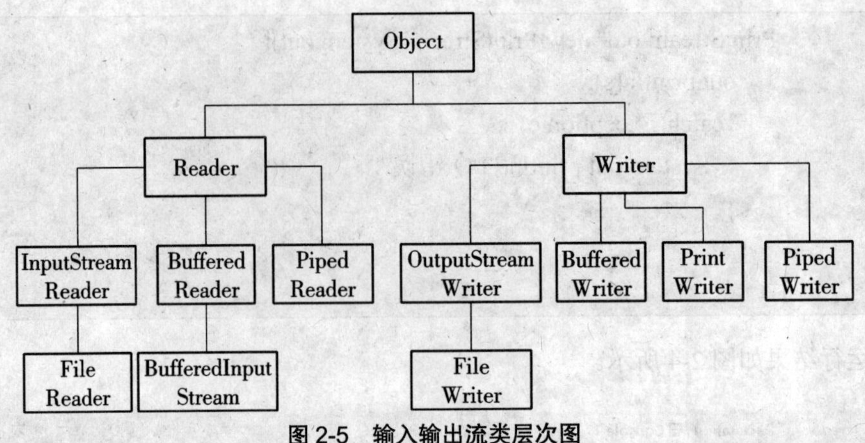

图 2-5　输入输出流类层次图

在处理字符流时，最重要的问题是进行字符编码的转换。Java 语言采用 Unicode 字符编码，对于每一个字符，Java 虚拟机会为其分配两个字节的内存。

Reader 类能够将输入流中采用其编码类型的字符转换为 Unicode 字符，然后在内存中为这些 Unicode 字符分配内存。Writer 类能够把内存中的 Unicode 字符转换为其他编码类型的字符，再写到输出流中。

在默认情况下，Reader 和 Writer 会在本地平台的字符编码和 Unicode 字符编码之间进行编码转换，参见图 2-6。

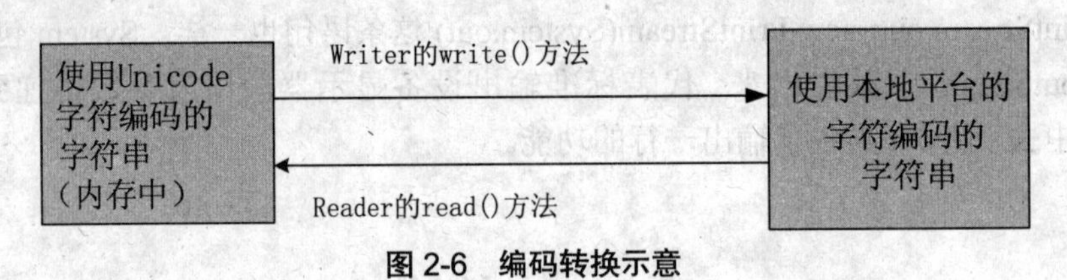

图 2-6　编码转换示意

2.2.1　数据流

负责搭建数据传输的通道，负责字符数据的具体传输，是底层流，只提供了基本的字符数据访问方法。

1.Reader

读取字符流的抽象基类。派生类必须实现的方法是 read(char[],int,int) 和 close()。

重要方法：

```
public int read() throws IOException
```

读取单一字符。该方法将阻塞，直到有输入数据、发生一个 I/O 错误或到达流的终止。

```
public abstract int read(char cbuf[],int off,int len) throws IOException
```

将若干字符读入一个数组中。这个方法将阻塞，直到有输入数据可用、发生一个 I/O 错误或到达流尾。cbuf 代表目的的缓冲区，off 代表开始存储字符的偏移量，len 代表读取的最大字。

```
public abstract void close() throws IOException
```

关闭流。一旦流已关闭，再调用 read() 将抛出一个 IOException。但是，关闭一个以前曾关闭的流，则抛出异常。

2.Writer

字符输出流的抽象基类，派生类必须实现父类仅有方法为 write(char[],int,int)flush() 和 close()。

重要方法：

```
public void write(int c) throws IOException
```

写入单一字符。写入字符包含在给定整型值的低 16 位中，忽略高 16 位。

```
public abstract void write(char[] cbuf,int off,int len) throws IOException
```

将若干字符写入一个数组中。cbuf 代表目的缓冲区，off 代表开始写字的串偏移，len 代表写入的最大字符数。

```
public abstract void flush() throws IOException
```

刷新流。如果调用各种 write() 方法后的缓存字符数据保存在此流中，那么立即将这些数据写入它们相应的目的地址。如果目的地址是另一个字符或字节流，则刷新它。

```
public abstract void close() throws IOException
```

先刷新然后关闭此流。流关闭后，再调用 write() 或 flush() 方法，将抛出一个 IOException 异常。但是，关闭一个以前曾关闭的流，无异常。

3.FileReader

完成基本的文件 I/O 访问。能以字符方式从文件中读数据。该类只能按照本地平台的字符编码来读取数据，用户不能指定其他字符编码类型。

重要方法：

```
public FileReader(String fileName) throws FileNotFoundException
public FileReader(File file) throws FileNotFoundException
```

4.FileWriter

使用缺省字符编码构造文件流，从文件中输出字符数据。如果文件不存在则创建该文件；如果该文件已存在，则覆盖该文件。

重要方法：

```
public FileWriter(String fileName) throws IOException
public FileWriter(String filename,boolean append) throws IOException
public FileWriter(File file) throws IOException
```

第二个构造函数中的 boolean 参数为 true 且文件已存在，则字符数据将添加到文件的末尾。类中两个函数完成从文件中读取数据和往文件中写入数据如示例代码 2-4 所示。

示例代码 2-4　类中提供两个函数完成从文件中读取数据和往文件中写入数据

```
private String showFileContent(String file){
 String s="";
int i;
try{
      // 建立起字符文件输入流，可以显示中文
      FileReader in=new FileReader(file);
      // 利用循环集资读取文件中的所有字节
      while(i=in.read()!=-1){
      s=s+(char)i;
      }
      }catch(Exception e){
            s=" 文件未找到 ";
      }
      return s;
}

private boolean writeToFile(String content,String file){
try{
      // 建立起字符文件输出流，输出中文
      FileWriter out=new FileWriter(file);
      // 利用循环依次读取字符串中的字符写入文件
      char[] ch=content.toCharArray();
      System.out.println(ch);
      for(int i=0;i<ch.length;i++){
      out.write(ch[i]);
      }
      // 关闭文件流，否则文件中没内容
      out.close();
      return true;
      }catch(Exception e){
```

```
        return false;
    }
}
```

2.2.2 操作流

高层流，采用装饰器设计模式创建，不从 I/O 设备中读取或写入数据，仅从其他流中读取或写入数据，提供了普通流所没有提供的方法来简化编程，或提高 I/O 的效率。

1.BufferedReader

从字符输入流中读取文本并将字符存入缓冲区以便能提供字符的高效读取。可指定缓冲区尺寸或使用缺省尺寸。提供了非常重要的读取一行的方法。

重要方法：

```
public BufferedReader(Reader in)
```

创建使用缺省尺寸缓冲区的字符输入流。

```
Public BufferedReader(Reader in,int size)
```

创建使用 size 值所指定尺寸缓冲区的字符输入流。

```
public String readLine() throws IOException
```

读取一文本行。换行 ('\n')、回车 ('\r') 或紧跟着换行的回车符表示一行的终止。返回的内容包含行内容但不包括行终止符的字符串，若已到达流尾则为 null。如果发生某个 I/O 错误，则抛出 IOException 异常。

2.BufferedWriter

可以把一批数据写到缓冲区内，当缓冲区满的时候，再把缓冲区的数据写到字符输出流中。可以避免每次都执行物理写操作，从而提高 I/O 的效率。可指定缓冲区尺寸或接受缺省尺寸。

重要方法：

```
public BufferedWriter(Writer)
```

创建使用缺省尺寸输出缓冲区的缓冲字符输出流。

```
public BufferedWriter(Writer,int)
```

创建使用给定尺寸输出缓冲区的新的缓冲字符输出流。

3.PrintWriter

将格式化对象打印到一个文本输出流。这个类实现 PrintStream 中的所有打印方法。该项类提供了 print() 和 println() 方法，使输出不再被限制于单个字符。

重要方法：

```
public PrintWriter(OutputStream)
```

装饰一个存在的 OutputStream, 创建一个新的 PrintWriter, 没有自动行刷新功能。

```
public PrintWriter(OutputStream,boolean)
```

装饰一个存在的 OutputStream, 创建一个新的 PrintWriter, 如果 boolean 的值为真，则自动刷新数据到 OutputStream。

```
public PrintWriter(Writer)
```

装饰一个存在的 Writer, 创建一个新的 PrintWriter, 没有自动行刷新功能。

```
public PrintWriter(Writer,boolean)
```

装饰一个存在的 Writer, 创建一个新的 PrintWriter, 如果 boolean 的值为真，是自动刷新数据到 Writer。

```
public void println( 类型 x)
```

输出 x 到输出流，并在数据末尾添加换行。类型可以为：boolean、char、char[]、string、Object、int、double、float。

PrintWriter 的所有 print() 和 println() 方法都不会抛出 IOException, 客户程序可以通过 PrintWriter 的 checkError() 方法来判断写数据是否成功，如果该方法返回 true, 就表示遇到错误。

PrintWriter 和 BufferedWriter 类一样，也带有缓冲区。两者的区别在于，后者只有在缓冲区满的时候，才会执行物理写数据的操作，而前者可以让用户来决定缓冲区的行为。在默认情况下，此外，PrintWriter 的一些构造方法中有一个 boolean 参数。如果为 true, 表示 PrintWriter 执行 println() 方法时也会自动把缓冲区的数据写到输出流。从以上构造方法还可以看出，PrintWriter 不仅能装饰 Writer, 还能把 OutputStream 转换为 Writer。

PrintWriter 和 PrintStream 的 println(String s) 方法都能写字符串，两者的区别在于，后者只能使用本地平台的字符编码，而前者使用的字符编码取决于被装饰的 Writer 类所用的字符编码。在输出字符数据的场合，应该优先考虑用 PrintWriter。

2.3 特殊的 I/O 流

2.3.1 字节字符桥接流

它是字节流到字符流的桥梁：它读入字节，并根据指定的编码方式，将其转换为字符流。

使用的编码方式可能由名称指定，或当前缺省编码方式。

1.InputStreamReader

本身采用适配器设计模式，把 InputStream 类型转换为 Reader 类型，参看图 2-7。

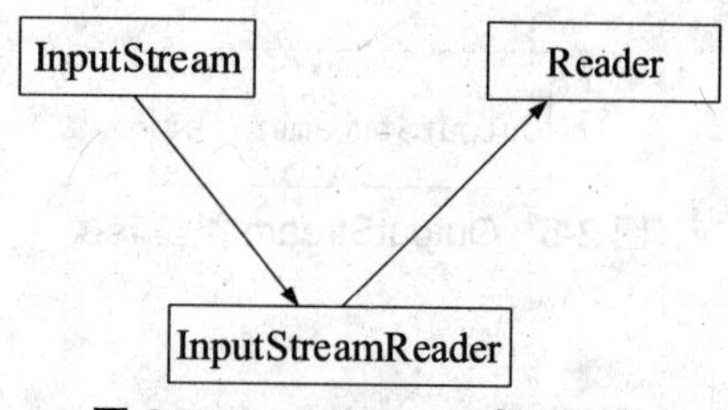

图 2-7 InputStream 类型转换

重要方法：

```
public InputStreamReader(InputStream in)
```

用缺省的字符编码方式，创建一个 InputStreamReader 流。

```
public InputStreamReader(InputStream in,String enc)
```

按照 enc 参数指定的字符编码方式，创建一个 InputStreamReader。

如果 test.txt 文件采用了 UTF-8 字符编码，为了正彩色电视地从文件中读取字符，可以按以下方式构造 InputStreamReader 的实例。

```
InputStreamReader reader=new InputStreamReader(new FileInputStream("D:\\test.txt"),
"uft-8";char c=(char)reader.read();
```

以上代码指定输入流的字符编码为 UTF-8,InputStreamReader 的 read() 方法从输入流中读取一个 UTF-8 字符，再把它转换成 Unicode 字符。以上代码中的变量 c 为 Unicode 字符，在内存中占两个字节。假定 InputStreamReader 的 read() 方法从输入流中读取得字符为“好”，read() 方法实际上执行了以下步骤：

①从输入流中读取 3 个字节：299、165、189。这 3 个字符代表字符“好”的 UTF-8 字符编码。

②计算出字符“好”的 Unicode 字符编码为 89 和 125。

③为字符“好”分配两个字节的内存空间，这两个字节的取值分别为 89 和 125。

2.OutputStreamWriter

OutputStreamWriter 类本身采用了适配器设计模式，把 OutputStream 类开转换为 Writer 类型，参见图 2-8。

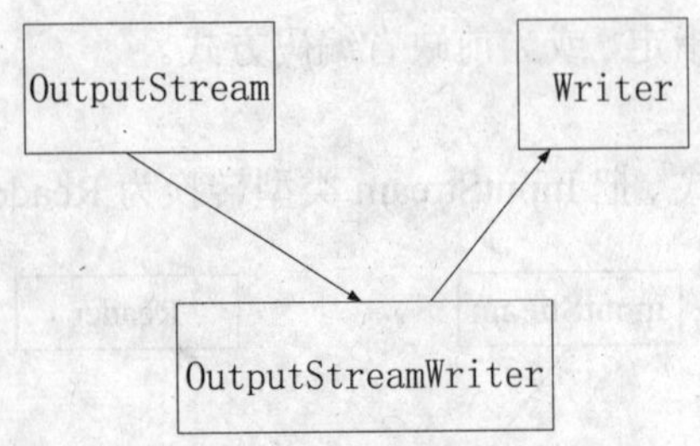

图 2-8 OutputStream 类型转换

重要方法：

```
public OutputStreamWriter(OutputStream)
```

用缺省的字符编码方式，创建一个 OutputStreamWriter。

```
public OutputStreamWriter(OutputStream,String)
```

按照参数指定的字符编码方式，创建一个 OutputStreamWriter。readFile() 方法实现从文件中逐行读取字符串，并将它们打印到控制台。copyFile() 方法将源文件中的字符内容拷贝到目标文件中，并且会进行相关字符编码转换代码如示例代码 2-5 所示。

示例代码 2-5 readFile() 和 copyFile() 方法应用

```
import java.io.*;
public class FileUtil{
/* 从一个文件中逐行读取字符串，采用本地平台的字符编码 */
public void readFile(String fileName) throws IOException{
readFile(filename,null);
}
/* 从一个文件中逐行读取字符串，参数 charsetName 指定文件的字符编码 */
public void readFile(String fileName,String charsetName) throws IOException{
InputStream in=new FileInputStream(fileName);
InputStreamReader reader;
if(charsetName==null){
reader=new InputStreamReader(in);
}else{
reader=new InputStreamReader(in,charsetName);
}BufferedReader br=new BufferedReader(reader);
String data;
while((data=br.readLine())!=null){// 逐行读取数据
System.out.println(data);
}
```

```
    br.close();
    }
    /* 把一个文件中的字符内容拷贝到另一个文件中，并且进行了相关的字符编码转
换，参数 charsetFrom 指定源文件的字符编码 ,charsetTo 指定目标文件的字符编码，如
果 charsetFrom 为 null, 则表示源文件采用本地平台的字符编码 */
    public void copyFile(String from,String charsetFrom,String to,String charsetTo) throws
IOException{
        InputStream in=new FileInputStream(from);
        InputStreamReader reader;
        if(charsetFrom==null){
            reader=new InputStreamReader(in);
        }
    else{
        reader=new InputStreamReader(in,charsetFrom);
    }
     BufferedReader br=new BufferedReader(reader);

     OutputStream out=new FileOutputStream(to);
     OutputStreamWriter writer=new OutputStreamWriter(outm,charsetTo);
    BufferedWriter bw=new BufferedWriter(writer);
    PrintWriter pw=new PrintWriter(bw,true);

    String data;
    while((data=br.readLine())!=null){
    pw.println(data);// 向目标文件逐行写数据
    }
    br.close();
    pw.close();
    }
    public static void main(String args[])util throws IOException{
    FileUtil util=new FileUtil();
    // 按照本地平台的字符编码读取字符
    util.readFile("D:\\test/txt");
    // 把 test.txt 文件中的字符内容拷贝到 out.txt 中，out.txt 采用 UTF-8 编码
    util.copyFile("D:\\test.txt",null,"D:\\out.txt","UTF-8");
    // 按照本地平台的字符编码读取字符，读到错误的数据
    util.readFile("D:\\out.txt");
    // 按照 UTF-8 字符编码读取字符
```

```
    util.readFile("D:\\out.txt","UTF-8");
    }
}
```

程序运行结果如图 2-9 所示。

```
Problems @ Javadoc Declaration Console
<terminated> FileUtil [Java Application] C:\Program Files\Java\jre1.8.0_102\bin\javaw.exe (2016年7月23日 下午3:34:48)
test
test
test
```

图 2-9 运行结果

2.3.2 标准 I/O

当程序读写文件时，在读写操作完毕后，就会及时关闭输入流或输出流。这些输入流或输出流对象的生命周期是短暂的，不会存在于程序运行的整个周期中。对于某些应用程序，需要在程序运行的整个生命周期中，从同一个数据源读入数据，或者向同一个数据目的地输出数据，最常见的是输出一些日志信息，以便用户能跟踪程序的运行状态。

在 JDK 的 java.lang.System 类中，提供了三个静态变量。

● System.in: 为 InputStream 类型，代表标准输入流，默认的数据源为键盘。程序可以通过 System.in 读取标准输入流的数据。读入字节数据。

● System.out: PrintStream 类型，代表标准输出流，默认的数据目的地是系统控制台。程序可以通过 System.out 输出运行时的正常消息。

● System.err: 为 PrintStream 类型，代表标准错误输出流，默认的数据目的地是系统控制台。程序可以通过 System.err 输出运行时的错误消息。

以上三种流都是由 Java 虚拟机创建的，它们存在于程序运行的整个生命周期中。这些流始终处于打开状态，除非程序显示地关闭它们。只要程序没有关闭这些流，在程序运行的任何时候都可以通过它们来输入或输出数据。

System.in 是 InputStream 类型，为了能读到格式化的数据，以及提高读数据的效率，常常要对它进行包装。先用 InputStreamReader 类把 System.in 转换成 Reader 类型，再用 BufferedReader 来装饰它。

```
Import java.io.*;
public class StandardInTester{
public static void main(String args[])throws IOException{
InputStreamReader reader=new InputStreamReader(System.in);
BufferedReader br=new BufferedReader(reader);
String data;
While((data=br.readLine())!=null&&data.length()!=0){
```

```
        System.out.println("echo:"+data);
      }
    }
  }
```

System.out 是 PrintStream 类型，可以通过以下方式把它转换为 PrintWriter 类型。

```
PrintWriter pw=new PrintWriter(System.out,true);
```

2.3.3 File 类

File 类是一个很特殊的，它并不在 I/O 的继承结构中，用于表示主机文件系统中的文件名或路径名，并提供了一种抽象方式，便于以与机器无关的方式处理有关文件和路径名的大多数复杂问题。

重要方法：

```
public File(String s)
```

创建一个 File 实例代表一个文件或路径，s 代表路径。

```
public File(String path,String name)
```

创建一个 File 实例代表一个文件或路径，path 代表目录的路径名，name 代表文件路径名。

```
public boolean delete()
```

删除当前对象指定的文件。

```
public boolean exists()
```

测试当前 File 是否存在。如果当前对象指定的文件存在则为 true; 否则为 false。

```
public boolean canWrite()
```

测试应用程序是否能写入当前文件。如果可以写访问指定的文件则为 true; 否则为 false。

```
public boolean canRead()
```

测试应用程序是否能从指定的文件中进行读取。如果指定的文件存在且能读该文件则为 true; 否则为 false。

```
public boolean isDirectory()
```

测试当前 File 对象表示的文件是否是一条路径。如果当前 File 对象代表路径则为 true；否则为 false。

```
public boolean isFile()
```

测试当前 File 对象表示的文件是否是一个“普通”文件。返回值：如果当前对象指定的文件存在且是一个文件则为 true；否则为 false。文件测试代码如示例代码 2-6 所示。

示例代码 2-6 文件测试

```
package t02;
import java.io.*;
public class IO4 {
public static void main(String args[]){
File f=new File("c:\\demo.txt");
System.out.println(f.getAbsolutePath()+"\n");
System.out.println(" 是否是目录 "+f.isDirectory()+"\n");
System.out.println(" 是否隐藏文件 "+f.isHidden()+"\n");
f.delete();
}
}
```

程序运行结果如图 2-10 所示。

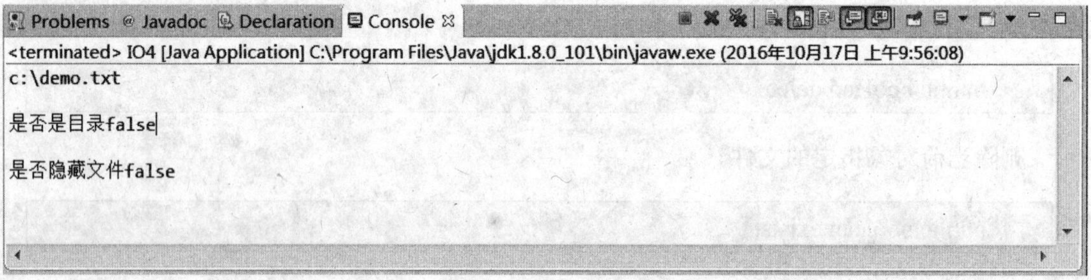

```
Problems  Javadoc  Declaration  Console
<terminated> IO4 [Java Application] C:\Program Files\Java\jdk1.8.0_101\bin\javaw.exe (2016年10月17日 上午9:56:08)
c:\demo.txt

是否是目录false

是否隐藏文件false
```

图 2-10 运行结果

2.4 小结

✓ Java I/O 类库对各种常见的数据源、数据目的地及处理过程进行了抽象。客户程序不必知道最终的数据源或数据目的地是一个磁盘上的文件还是一个内存中的数组，都可以按照统一的接口来处理程序的输入和输出。

✓ Java I/O 类库具有两个对称性，它们分别是：

- 输入和输出；
- 字节流和字符流。

✓ Java I/O 类库在设计中主要采用了装饰器设计模式。
✓ File 类用于管理文件系统。

2.5 英语角

stream 流，一串
flush 刷新
decorator 装饰
charset 字符集

2.6 作业

1.Reader 类具有读取 float 和 double 类型的数据的方法吗？
2. 如果希望从键盘读取一行数据，应该怎么建立输入流？

2.7 思考题

1. 本章最后一段示例代码 2-6 中，我们删除了文件"demo.txt"，如果这个文件在指定的路径下并不存在，会出现什么现象？
2. 总结一下哪些类的方法声明抛出异常，有没有什么规律？

2.8 学员回顾内容

1.I/O 整体结构。
2. 装饰器设计模式。
3. 字符型文件的访问方式。

第 3 章　JDBC(一)

学习目标

✧ 了解 JDBC 的四类驱动。
✧ 理解 JDBC 的访问方式。
✧ 掌握基本数据库访问。
✧ 理解 JDBC 中异常。

课前准备

掌握面向对象的基本概念,熟悉数据库操作。

本章简介

JDBC 是 Java 程序与数据库系统通信的标准 API,它定义在 JDK 的 API 中,通过 JDBC 技术,Java 程序可以非常方便地与各种数据库进行交互,JDBC 程序与数据库之间建立了一座桥梁。

3.1　JDBC

软件开发中存在着著名的 2-8 原则,即 80% 的软件都需要访问数据库。所以大多数开发语言都提供了数据库的访问,Java 也不例外,内置了一系列的类包,提供了多种访问数据库的方式。再加上数据库厂商所提供的第三方驱动程序和类包,可以访问特定数据库的用户定义类型,如访问 Oracle 中的用户定义的对象表、嵌套表等。

3.1.1　JDBC 的概念

JDBC 是由 SUN 公司提供的一组类,被封装在 java.sql 包中。JDBC 库设计的目的是成为执行 SQL 语句的接口,而不是成为用于数据存取的一个高级抽象层。因此,尽管 JDBC 库没有设计成自动把 Java 类映射到数据库中的行上,但它允许大型应用程序把数据写到 JDBC 接口上,通过接口与数据库交换信息。因而编程人员不必太关心与该应用程序一起使用的是哪种数据库。JDBC 应用数据与正在使用中的数据库管理系统的具体特征得到充分的隔离,因此编程人员不必为具体数据库而重新设计它。从用户看,JDBC 结构如图 3-1 所示。

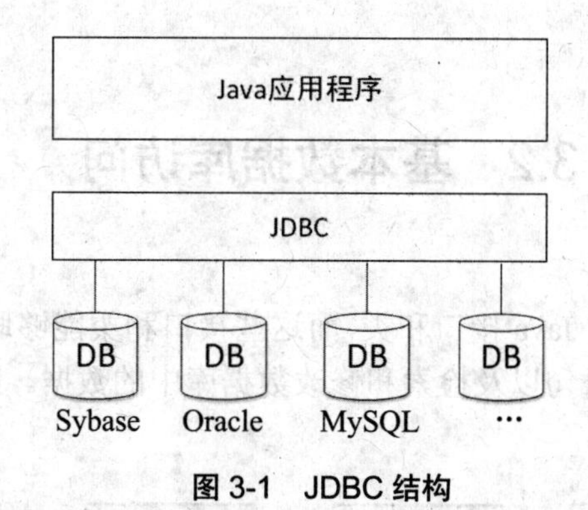

图 3-1 JDBC 结构

3.1.2 JDBC 的四类驱动

一个完整的 JDBC 应用由三部分组成。

(1)驱动程序:由 SUN 公司或数据库厂商提供的包,负责完成应用程序和特定的数据库通信。如:Oracle 提供的 JDBC 驱动程序,就完成对 Oracle 的通信。

(2)驱动程序管理器:驱动程序需要在驱动程序管理器中注册,由驱动管理器来组织应用程序连接指定类型的数据库。

(3)应用程序:使用具体的 JDBC 对象来完成数据库访问。

四种类型的驱动程序如下:

(1)JDBC-ODBC 桥加 ODBC 驱动程序

第一类 JDBC 驱动程序是 JDBC-ODBC 桥再加上一个 ODBC 驱动程序。SUN 建议第一类驱动程序只用于原型开发,而不要用于正式的运行环境。一般地,桥接驱动程序用于已经在使用 ODBC 的情形,例如已经使用了 Windows 应用服务器。

(2)本地 API

第二类 JDBC 驱动程序是本机 API 的部分 Java 代码的驱动程序,用于把 JDBC 调用转换成主流数据库 API 的本机调用。第二类驱动程序没有使用纯 Java 的 API,把 Java 应用连接到数据源时,往往必须执行一些额外的配置工作。

(3)JDBC 网络纯 Java 驱动程序

第三类 JDBC 驱动程序是面向数据库中间件的纯 Java 驱动程序, JDBC 调用被转换成一种中间件厂商的协议,中间件再把这些调用转换到数据库 API。第三类 JDBC 驱动程序的优点是它以服务器为基础,也就是不再需要客户端的本机代码,这使第三类驱动程序要比第一、二类快。

(4)本级协议纯 Java 驱动程序

第四类 JDBC 驱动程序是直接面向数据库的纯 Java 驱动程序,它把 JDBC 调用转换成某种直接可被 DBMS 使用的网络协议,这样,客户机和应用服务器可以直接调用 DBMS 服务器。对于第四类驱动程序,不同 DBMS 的驱动程序不同。

3.2 基本数据库访问

JDBC 体系结构基于一组 Java 接口和类，而这些接口和类能够联合起来使编程人员连接数据库源、创建并执行 SQL 语句以及检索和修改数据库中的数据。图 3-2 给出了这些操作的图解说明。

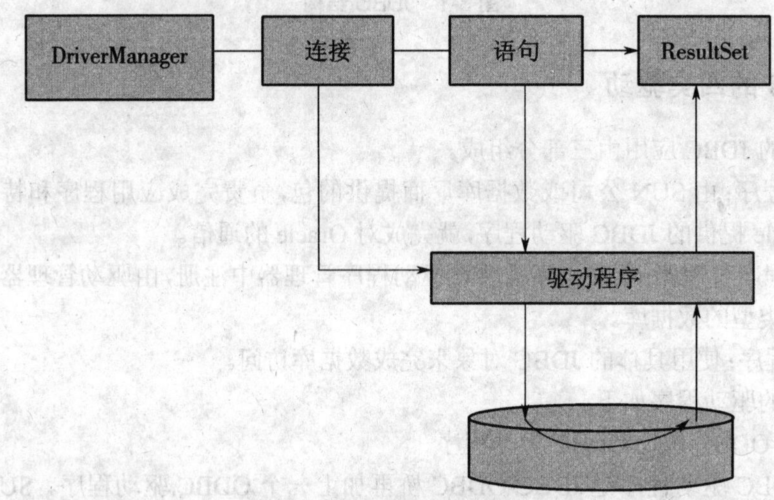

图 3-2 数据库操作图解

该图中的每个方框代表一个 JDBC 类或接口，而这个类或接口在存取关系数据库的过程中又扮演着一个基本角色。编程人员的一切工作从 DriverManager（驱动程序管理器）类开始，而这个类的工作是负责借助 JDBC 驱动程序来建立与数据源的连接。

JDBC 数据驱动程序由实现 Driver（驱动程序）接口的类来定义。JDBC 驱动程序知道如何转换针对某个特定数据库的 SQL 请求。如果没有合适驱动程序，我们就无法连接该数据库，而且 JDBC 又是 Java 编程语言中与特定开发商产品具体相关的少数几个方面之一 —— 每个 RDBMS（关系数据库管理系统）都有一组能用来与该数据库进行通信的特定驱动程序。因此，程序员的应用程序必须做的第一批事情之一是：加载能让它们的 Java 类与它们的特定数据库进行通信的驱动程序。

在比较深入地研究了前面的范例之后，我们可以把一个基础的 JDBC 程序描述为包含下列这些步骤：

- 引入必要的类；
- 加载 JDBC 驱动程序；
- 标识数据源；
- 分配一个 Connection 对象；
- 分配一个 Statement 对象；
- 使用该 Statement 对象执行查询；

- 从返回的 ResultSet 对象中检索数据；
- 关闭 ResultSet 对象；
- 关闭 Statement 对象；
- 关闭 Connection 对象。

3.2.1 数据库驱动程序注册

之前介绍的四种驱动程序在使用前都需要先行加载，告诉系统现在要访问数据库了，还通过加载告知系统将采用哪种数据库访问。加载时可以使用 Class 类的 forName() 静态方法，把驱动程序注册到 DriverManager 驱动程序管理器中。或者是利用 JDBC DriverManager 类的 registerDriver() 方法。

目前大部分数据库都可以通过 JDBC-ODBC 桥接驱动程序来访问，虽然效率比较低，也存在一些缺陷，但在没有更好的驱动程序时，我们只有通过它来访问数据库。JDBC-ODBC 注册语句如下：

```
Class.forName("sun.jdbc.odbc.JdbcOdbcDriver");
DriverNanager.registerDriver("new sun.jdbc.odbc.JdbcOdbcDriver()");
```

J2EE 在实际的开发中，通常都会和 Orcale 数据库搭配使用，所以对 Oracle 数据库我们应该重点学习，语句如下：

```
Class.forName("oracle.jdbc.driver.OracleDriver");
DriverManager.registerDriver(new oracle.jdbc.driver.OracleDriver());
```

3.2.2 数据库连接对象

当数据库驱动注册到了 DriverManager 后，就可以利用 DriverManager 的 getConnection() 静态方法建立起一条客户机到数据库服务器的数据连接，在该方法中必须提供数据库连接字符串和相应的登录数据库的口令和密码。如：

```
Connection con=DriverManager.getConnection(url,login_name,login_password);
```

连接字符串的语法如下：

```
jdbc:<subprotocol>:<subname>
```

subprotocol 指出使用哪个 JDBC 驱动程序。subname 指明所要连接的具体数据库，连接的数据库不同，这个部分的写法也不相同。

- ODBC

```
Jdbc:odbc:odbcname
```

其中 odbcname 就是在服务器注册的数据库的 ODBC 名称，例如：

```
Connection con=DriverManager.getConnection("jdbc:odbc:wish_weas","scott","tiger")
\\wish_weas 是 obdc 中注册的 dsn 名称
```

- Oracle

Oracle JDBC 驱动程序使 Java 程序中的 JDBC 语句可以访问 Oracle 数据库。有 4 种 Oracle JDBC 驱动程序，在此我们仅介绍常用的两种：

- thin 驱动

thin 驱动是所有驱动程序中资源消耗最小的，而且它是完全用 Java 编写的，被称为第 4 类驱动程序。如果你正在编写 JavaApplet, 那么应该使用 thin 驱动程序。thin 驱动程序也可以在独立的 Java 应用程序中使用，并且可以用来访问所有版本的 Oracle 数据库。thin 驱动程序只使用 TCP/IP。

```
jdbc:oracle:thin:@servername:port:dbname
```

servername 为 Oracle 数据库服务器名，port 为数据库通讯端口号，dbname 为 Oracle 数据库实例名。例如：

```
Connection
con=DriverManager.getConnection("jdbc:oracle:thin:@localhost:1521:weas","scott","t
iger")
\\@localhost 是数据库服务器名，weas 是数据库实例名，scott 为 Oracle 用户名，tiger
为其密码
```

- OCI 驱动

OCI 是第二类驱动，其中一部分由 C 语言实现，所需资源要比 thin 驱动多，速度快。OCI 驱动有个比较严重的缺点，就是必须在要求访问数据库的客户端计算机上安装这个驱动，才能访问数据库。好在大多数 J2EE 应用对数据库的访问均以中间层方式进行，所以仅需在进行中间层组件的服务器上安装该驱动即可。

```
jdbc:oracle:oci:@dbname
```

dbname 为 Oracle 数据库实例名，例如：

```
Connection con=DriverManager.getConnection("jdbc:oracle:oci:@weas","scott","tiger")
```

3.2.3 语句对象

一旦连接创建好了之后，我们就可以创建 SQL 语句对象 Statement, 利用该对象。Statement 对象代表了要执行的 SQL 语句。

使用 Connection 对象的 createStatement() 方法创建一个 Statement 对象。Statement 对象代表了要执行的 SQL 语句，根据要执行的 SQL 语句，将使用 Statement 类中的不同方法运行

SQL。如果想执行 SELECT 语句，就使用 executeQuery() 方法。如果想执行 INSERT、UPDATE 或者 DELETE 语句，就使用 executeQuery() 方法。如果预先不知道要执行的 SQL 语句类型，那么可以使用 execute() 方法，execute() 方法可以用于执行 SELECT、INSERT 、UPDATE 或者 DELETE 语句。

3.2.4 记录集对象

JDBC 也用一个对象来封装某个查询所返回的记录。当 Statement 对象的 executeQuery() 方法顺利执行后，将结果记录封装在一个 ResultSet 的对象中返回。可以利用 ResultSet 接口来操纵结果集中的记录。ResultSet 对象主要提供三大类方法：

（1）当前记录指示器移动方法

移动指示器到想要访问的记录上，它的使用受记录及类型的限制。

```
rs.next();
```

将当前记录指针移动到下一条记录上。每次获得记录集，在访问具体记录前都必须执行这一方法，next 使当前记录指针定位到记录集的第一条记录。

（2）当前记录字段值获取方法

getXXX() 方法，用于读取当前记录指定字段的值，XXX 主要代表该字段类型，在此字段用 Java 的数据类型描述。而非数据类型描述。如取字符串类型字段是 getString 而非 getVarchar。Java 程序使用一组与 Oracle 类型不同的类型来代表值。但是两者之间互相兼容，这就使 Java 和 Oracle 能够交换以它们各自类型存储的数据。表 3-1 表示了可兼容的类型映射。

表 3-1　Java 和 Oracle 可兼容的类型映射

Oracle 类型	Java 类型
CHAR	String
VARCHAR2	String
DATE	java.sql.Date java.sql.Time java.sql.Timestamp
INTEGER	short int long
NUMBER	float double java.math.BigDecimal

访问当前记录中的字段时，可以用字段名来表明你所要访问的字段，如下面代码中的第一句也可以用该字段在发出查询的 SELECT 子句中的字段位置来表明你所要访问的字段。

```
String name=rs.getString("ename");\\ 通过字段名访问
String name=re.getString(2);\\ 通过字段位置访问
```

（3）更新当前字段值的方法

updateXXX() 方法，用于更新当前记录的指定字段的值。但是这些方法的使用受语句对象的类型制约。

```
rs.update("ename","zengcobra");// 通过字段名更新，zengcobra 为更新后的字段名
rs.update(2,"zengcobra");// 通过字段位置更新，zengcobra 为更新后的字段名
```

读取数据代码如示例代码 3-1 所示。

示例代码 3-1 读取数据

```
import java.sql.*;
public class demo1 {
    public static void main(String[] args) {
        Connection con;
        try{
            System.out.println(" 正在连接数据库 *******");
            Class.forName("oracle.jdbc.driver.OracleDriver");
            //oci 驱动方式，服务器名 zengora
            //String url="jdbc:oracle:oci;@zengora";
            //thin 驱动方式，服务器名 zeng，数据库名 zengora
            String url="jdbc:oracle:thin:@localhost:1521:orcl";
            con=DriverManager.getConnection(url,"scott","tiger");
            System.out.println(" 已连接到数据库 *******");
            Statement stmt=con.createStatement();
            String query="SELECT empno,ename FROM EMP";
            stmt.execute(query);
            ResultSet rs=stmt.getResultSet();
            while(rs.next()){
                String i=rs.getString(1); // 得到当前记录的第一个字段的值，即
                                            empno 字段的值
                String name=rs.getString(2); // 得到当前记录的第二个字段的值
                                                ename 字段的值
                System.out.println(i+"  "+name);
            }
            rs.close();
            stmt.close();
        con.close();
```

```
            }
            catch(Exception e){
                //System.out.println(" 数据库有错 "+e);
                e.printStackTrace();
            }
        }
    }
```

程序运行结果如图 3-3。

```
Problems  @ Javadoc  Declaration  Console
<terminated> demo1 [Java Application] C:\Program Files\Java\jdk1.8.0_101\bin\javaw.exe (2016年11月7日 下午9:32:35)
正在连接数据库*******
已连接到数据库*******
7369    SMITH
7499    ALLEN
7521    WARD
7566    JONES
7654    MARTIN
7698    BLAKE
7782    CLARK
7788    SCOTT
7839    KING
7844    TURNER
7876    ADAMS
7900    JAMES
7902    FORD
7934    MILLER
```

图 3-3　运行结果

3.2.5　特殊记录集

SQL SELECT 语句用于从数据库中获取信息。要想 JDBC 执行 SELECT 语句，Statement 对象 executeQuery() 方法可以实现这一目标。然后该方法返回一个封装了结果记录的 Request 对象。在使用 Request 对象从数据库读取行时，应该进行以下三个步骤：

- 创建 Request 对象并且使用 SELECT 语句填充它。
- 使用 get 方法从 Result 对象中读取列值。
- 关闭 ResultSet 对象。

从数据库中返回结果记录集分为两大类，一种是仅向前、不可以更新记录集，另一种是滚动、可更新记录集。两者的区别从名称上就可以看出，但区别的产生源于 Statement 语句对象创建时函数的参数。

（1）仅向前、不可更新记录集

在这一模式下，ResultSet 中的记录是不能改变的，并且当前记录指针只能向前移动，不能退回到已经访问的记录下。通过调用 Connection 对象的 createStatement() 方法的无参版本，由此产生的记录集就是仅向前、不可更新记录集。

（2）可滚动、可更新记录集

Connection 对象 createStatement() 方法可以由两个参数：记录集类型，记录集并发行。记录集类型：该参数判断记录集是否为可滚动的。

- ResultSet.TYPE_FORWARD_ONLY：不可滚动。
- ResultSet.TYPE_SCROLL_INSENSITIVE：可滚动，但看不到外部对数据库的修改。
- ResultSet.TYPE_SCROLL_SENSITIVE：可滚动，也能看到外部对数据库的修改。

例

```
Statement stmt=con.createStatement(ResultSet.TYPE_SCROLL_INSENSITIVE,
ResultSet.CONCUR_READ_ONLY);
```

之后 ResultSet 的方法在记录集中就可以移动当前记录指针了。

- next()：移动到记录集的下一条，没有下一条的话就返回 false，否则就返回 true。
- previous()：移动到前一条记录，没有前一条的话就返回 false，否则就返回 true。
- first()：移动到第一条记录，没有记录的话就返回 false，否则就返回 true。
- last()：移动到最后一条记录，没有记录的话就返回 false，否则就返回 true。
- absolute(int rowNumber)：移动到 rowNumber 指定的行，rowNumber 处于记录集的绝对位置。
- relative(int relativeRowNumber)：移动到向对于当前记录位置的某一行，如果 relativeRowNumber 为负则移动到当前记录的面前；如果为正则移动到当前记录的后面。

记录集并发行：指明能否通过 ResultSet 对象来修改数据库中的数据。

- ResultSet.CONCUR_READ_ONLY：指定 ResultSet 对象不能修改数据库。
- ResultSet.CONCUR_UPDATABLE：指定 ResultSet 对象可以修改数据库。

例

```
Statement stmt=con.createStatement(ResultSet.TYPE_SCROLL_INSENSITIVE,
ResultSet.CONCUR_READ_ONLY);
```

注意：这两种模式都要求 SELECT 语句中不出现 *，即用具体的字段名来代替 *，否则创建出来的记录集模式依然是默认记录集。如：

```
SELECT * FROM EMP 应替代为
SELECT empno,ename,mgrno,job FROM EMP
```

当定位到需要修改的记录时，用 ResultSet 对象的 updateXXX() 方法来修改当前记录的值，updateXXX() 方法接受两个参数：要更新的列名或数字以及该字段的新值。唯一不能通过 updateXXX() 方法来修改的字段就是主键字段。

一旦完成了对当前记录的更新，就需要使用 ResultSet 对象的 updateRow（）方法将这些修改发送到数据库。更新数据代码如示例代码 3-2 所示。

示例代码 3-2　更新数据

```
import java.sql.*;
public class demo2 {
    public static void main(String args[]){
        Statement st;
        Connection con;
        try{
            System.out.println(" 正在连接数据库 *******");
            Class.forName("oracle.jdbc.driver.OracleDriver");
            //String url="jdbc:oracle:oci;@zengora";
            String url="jdbc:oracle:thin:@localhost:1521:orcl";
            con=DriverManager.getConnection(url,"scott","tiger");
            //con=ConnectionFactory.getConnection();
            System.out.println(" 已连接到数据库 *******");
            con.setAutoCommit(false);
            Statement
            stmt=con.createStatement(ResultSet.TYPE_SCROLL_INSENSITIVE,
                                     ResultSet.CONCUR_UPDATABLE);
            String query="SELECT empno,ename,deptno FROM EMP";
            stmt.execute(query);
            ResultSet rs=stmt.getResultSet();
            while(rs.next()){
                int i=rs.getInt(1);
                String name=rs.getString(2);
                System.out.println(Integer.toString(i)+"    "+name);
            }
            System.out.println(" 更改后 ");
            rs.first();
            rs.updateString(2, "zengcobra");
            rs.updateRow();
            con.commit();
            int i=rs.getInt(1);
            String name=rs.getString(2);
            System.out.println(Integer.toString(i)+"  "+name);
            while(rs.next()){
                i=rs.getInt(1);
```

```
                    name=rs.getString(2);
                    System.out.println(Integer.toString(i)+"    "+name);
                }
                rs.close();
                stmt.close();
                con.close();
            }
            catch(Exception e){
                e.printStackTrace();
            }
        }
    }
```

对于可更新结果集使用的查询有许多限制：

- 只能使用一个表；
- 必须选择这个表的主键和所有其他 NOT NULL 列；
- 不能使用 ORDER BY 子句；
- 必须只选择列值，即不能包含计算列；
- 不能使用 SELECT *。必须分别指定列，或者使用表别名，如 SELECT Customers * FROM Customers。

3.3 特殊处理

3.3.1 处理数据库中的 NULL 值

Java 对象类型（如：String）可以用来存储数据库 NULL 值。当一个 SELECT 语句将包含 NULL 值的列读 Java String 时，这个 String 将包含 Java null. 例如，我们在 Oracle 数据库 EMP 表中执行这条语句：

```
INSERT  INTO EMP(empno,ename,deptno) VALUES(10071,null,10);
COMMIT;
```

那么数据库中新记录的 ename 字段为空。则在数据从 rs 中读取 ename 时，如：

```
String name =rs.getString(2);
```

name 对象将得到 NULL 值 . 如果只是将其显示的话没有任何问题，该对象将显示为 NULL。程序运行结果如图 3-4 所示。

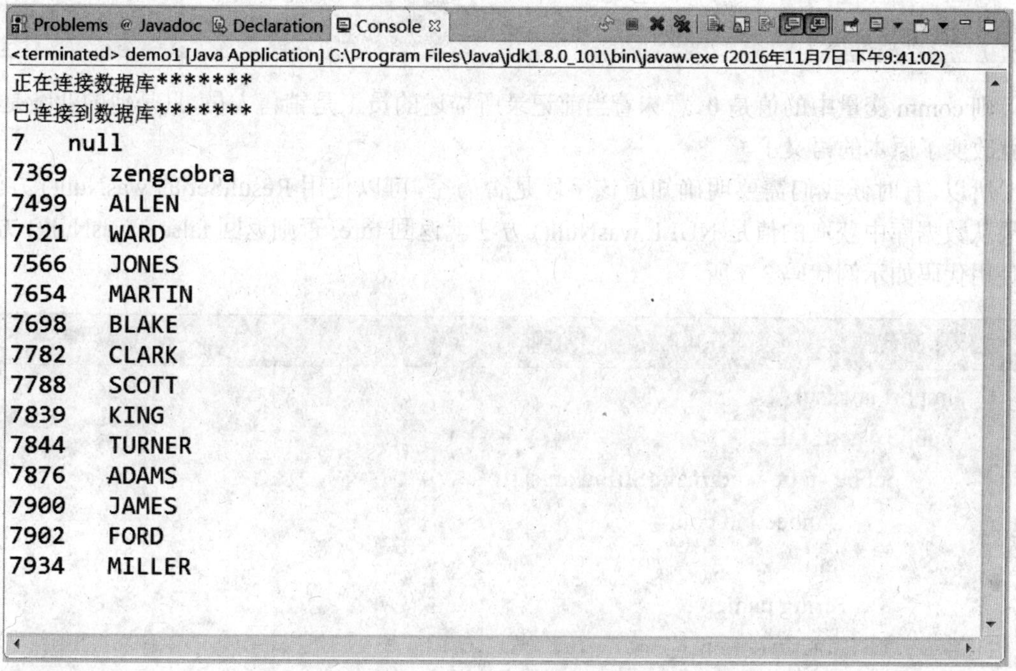

```
Problems  @ Javadoc  Declaration  Console
<terminated> demo1 [Java Application] C:\Program Files\Java\jdk1.8.0_101\bin\javaw.exe (2016年11月7日 下午9:41:02)
正在连接数据库*******
已连接到数据库*******
7   null
7369    zengcobra
7499    ALLEN
7521    WARD
7566    JONES
7654    MARTIN
7698    BLAKE
7782    CLARK
7788    SCOTT
7839    KING
7844    TURNER
7876    ADAMS
7900    JAMES
7902    FORD
7934    MILLER
```

图 3-4　运行结果

但如果代码中还会对其进行二次加工：

```
String name =rs.getString(2);
name=name.toUpperCase();
```

由于 name 本身为空对象，调用方法会引发异常，如图 3-5 所示。

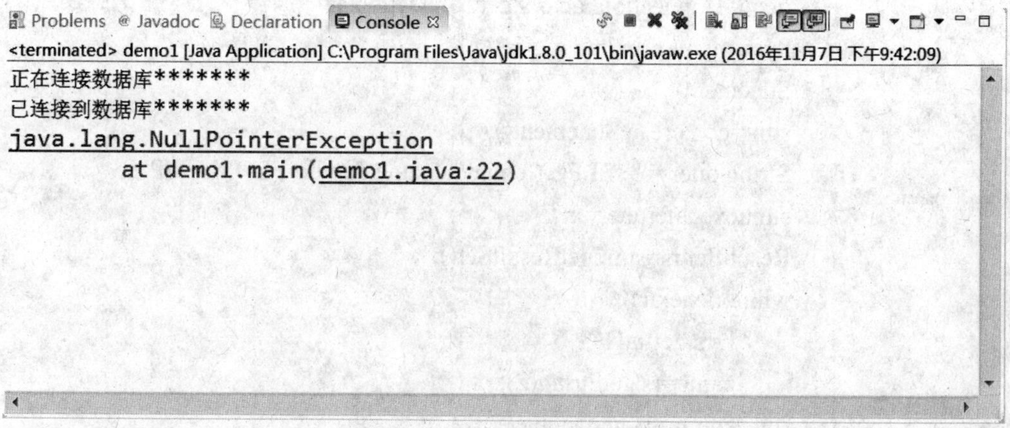

```
Problems  @ Javadoc  Declaration  Console
<terminated> demo1 [Java Application] C:\Program Files\Java\jdk1.8.0_101\bin\javaw.exe (2016年11月7日 下午9:42:09)
正在连接数据库*******
已连接到数据库*******
java.lang.NullPointerException
        at demo1.main(demo1.java:22)
```

图 3-5　运行结果

同样的情况也出现在数字字段上，如果数据库中的数字字段为空的话，则读取出来的就是 0，可从图 3-5 看到。JDBC 读取数据会出现异常，比如 Oracle 示例数据库中的 COMM 字段，该字段为空的话代表当前记录所描述的这个员工不是销售人员。而如果 JDBC 做了错误读取的话，如：

```
Double comm=rs.getdouble(3);
```

则 comm 变量中的值是 0，意味着当前记录所描述的员工是销售人员，只是他的业绩是 0，这就改变了原本的语义了。

所以，有时候我们需要明确知道该字段是否为空，可以使用 ResultSet 的 wasNull() 方法。如果从数据库中获取的值是 NULL，wasNull() 方法就返回 ture，否则返回 false。wasNull() 方法的使用代码如示例代码 3-3 所示。

示例代码 3-3 wasNull() 方法的使用

```
import java.sql.*;
public class SQL3 {
    public static void main(String args[]){
        Connection con;
        int i;
        String name;
        double comm;
        try{
            System.out.println(" 正在连接数据库 *******");
            Class.forName("oracle.jdbc.driver.OracleDriver");
            //String url="jdbc:oracle:oci;@zengora";
            String url="jdbc:oracle:thin:@wish:1521:wish";
            con=DriverManager.getConnection(url,"scott","tiger");

            //con=ConnectionFactory.getConnection();
            System.out.println(" 已连接到数据库 *******");
            Statement
            stmt=con.createStatement();
            String query="SELECT empno,ename,deptno FROM EMP";
            stmt.execute(query);
            ResultSet rs=stmt.getResultSet();
            while(rs.next()){
                i=rs.getInt(1);
                name=rs.getString(2);
                comm=rs.getDouble(3);
                if(rs.wasNull()){
                    System.out.println(Integer.toString(i)+"\t"+name+"\t"+" 无 ");
                }
            else{
```

```
                    System.out.println(Integer.toString(i)+"   "+name+"\t"+comm);
                }
            }
            rs.close();
            stmt.close();
        con.close();
        }
        catch(Exception e){
            e.printStackTrace();
        }
    }
}
```

程序运行结果如图 3-6 所示。

```
Problems  @ Javadoc  Declaration  Console
<terminated> SQL3 [Java Application] C:\Program Files\Java\jdk1.8.0_101\bin\javaw.exe (2016年11月7日 下午9:43:45)
正在连接数据库*******
已连接到数据库*******
7   null        10.0
7369    zengcobra       20.0
7499    ALLEN   30.0
7521    WARD    30.0
7566    JONES   20.0
7654    MARTIN  30.0
7698    BLAKE   30.0
7782    CLARK   10.0
7788    SCOTT   20.0
7839    KING    10.0
7844    TURNER  30.0
7876    ADAMS   20.0
7900    JAMES   30.0
7902    FORD    20.0
7934    MILLER  10.0
```

图 3-6　运行结果

3.3.2　处理异常

前面我们在捕获异常的时候，都直接用 Exception 来匹配，其实在 JDBC 中有专门的异常类型来描述数据库的异常。

当数据库或 JDBC 驱动程序中发生错误时，将抛出一个 java.SQLException.java.sql.SQLException 类是 java.lang.Exception 类的子类。因此，必须将所有的 JDBC 语句放在一个 try...catch 语句中。

java.sql.SQLException 类定义了两个方法，它们有助于查找造成异常的原因：get ErrorCode() 方法返回 Oracle 的错误编号。

getMessage() 对数据库中发生的错误，返回错误信息以及 5 位的 Oracle 错误编码；对于 JDBC 驱动程序发生的错误，这个方法只返回错误的消息。

例 我们将前面看到的代码故意改错一部分：将登录密码改为 tigger，多了一个 g。

```
con=DriverManager.getConnection(url,"scott","tigger");
catch(Exception e){
        System.out.println(e.getMessage());
}
catch(Exception e){
        e.printStackTrace();

    }
```

程序运行结果如图 3-7 所示。

```
Problems  Javadoc  Declaration  Console
<terminated> SQL3 [Java Application] C:\Program Files\Java\jdk1.8.0_101\bin\javaw.exe (2016年11月7日 下午9:46:44)
正在连接数据库*******
ORA-01017: invalid username/password; logon denied
```

图 3-7 运行结果

上述的错误信息是英文的，提示给用户不是很恰当。可以查找该异常对应的错误编码，然后根据编号的不同，给出相应的自定义提示。

此处示例代码：

```
catch(Exception e){
        // System.out.println(e.getMessage());
    if(e.geterrorCode()==1017){
  System.out.println(" 登录用户名、密码错误 ");
}
else{
  System.out.println(e.getMessage());
}
}
```

程序运行结果如图 3-8 所示。

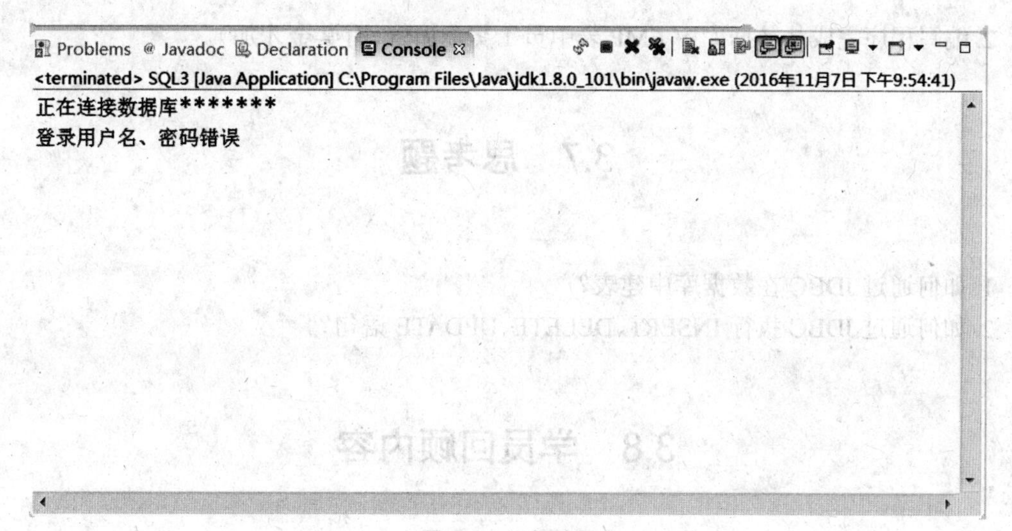

图 3-8　运行结果

3.4　小结

✓ 在本章中,我们介绍了构成了 JDBC API 的一些主要接口,其中包括 Connection、Statement 和 ResultSet 接口。

✓ 我们学习了如何注册一个驱动,建立起连接对象,在这个连接对象基础上执行 SQL 语句,生成记录集,然后利用 getXXX() 方法获得数据。

✓ 然后还学习了如何处理数据库字段中的空值,以及如何通过 SQLException 来捕获特定的数据库异常。

3.5　英语角

register	注册
insensitive	非敏感的
sensitive	敏感的

3.6　作业

1. 编写程序完成从数据库中 EMP 表读取员工的薪金,包括工资和奖金。

2. 编写程序完成从数据库中EMP表中员工奖金加倍(有奖金才加)。

3.7 思考题

1. 如何通过JDBC在数据库中建表?
2. 如何通过JDBC执行INSERT、DELETE、UPDATE语句?

3.8 学员回顾内容

1.JDBC体系结构。
2. 基本数据库访问。

第 4 章 JDBC(二)

学习目标

✧ 了解预制语句的原理。
✧ 掌握预制语句的使用。
✧ 理解 JDBC 中事务的处理。
✧ 掌握 JavaBean 的创建。

课前准备

掌握 JDBC 的基本概念,熟悉数据库操作。

本章简介

通过了上一章的学习,我们了解 JDBC 连接数据库的操作,在这一章,我们将对上一章的内容进行更加深入的讲解。

4.1 高级数据库访问

4.1.1 预制语句

通过上学期的学习,我们知道了数据库在每次接收到 SQL 语句的时候都会先编译再执行。当我们频繁的向数据库发出类似语句的时候,数据库都会在执行这些语句的时候先编译,而这些语句其实编译之后的代码都是一致的,仅仅是字段数据不一致。那么我们希望对类似语句仅编译一次,后续的语句直接使用。

预制语句就能完成类似的动作,它将用户发出的 SQL 指令告知给数据库,由数据库预处理,并准备执行,这个 SQL 指令包含了代表数据的占位符。PreparedStatement 接口提供了我们可以用来为 SQL 语句设置数据的方法,设置结束后,我们就告诉数据库执行该 SQL 语句。并且随后的重复语句就不用编译,节省了编译时间。

PreparedStatement 接口扩展了 Statement 接口,它的核心思想是通过使用占位符来代替常量字段值,用包含占位符的 SQL 语句字符串作为 Connection 对象 PreparedStatement() 方法的参数来创建 PreparedStatement 对象,在利用该对象的 setXXX() 方法来填充字段值,取代掉占位符,形成完整的可执行的 SQL 语句。如我们在 Dept 表上插入一条记录，可以将 SQL 语句组织为：

```
String SQL="INSERT INTO Dept(deptno,dname)values(?,?);"
```

该 SQL 串包含由占位符，这些占位符代表以后将设置的数据。占位符用问号来表示。占位符从 1 开始自增，对应数据库中的联编变量（bind variable）。联编变量类似于 Java 代码中所用的变量。它既可以被设置值，也可以用在数据库内的 SQL 语句、过程以及函数中。接下来根据该 SQL 语句创建 PreparedStatement 对象。

```
PreparedStatement ps=con. PreparedStatement(SQL);
```

在执行 PreparedStatement 中的 SQL 串发送给数据库时，数据库编译该 SQL 串。在执行 PreparedStatement 前，利用 PreparedStatement 接口的 setXXX() 方法对 INSERT 语句中的占位符填充值。其中 setXXX() 方法接受两个参数，第一个参数为要替代的字符串中占位符的位置，第二个参数为相应字段的值。如果该字段需要设置 NULL，可以使用 setNULL() 方法，将该字段置空。驱动程序在该准备语句得到执行时，把这些数据发送给数据库。数据库用这些数据设置联编变量。设置的参数的顺序不必按照参数在串中出现的顺序设置它们。可以在第一个参数前设置第二个参数，只需保证在该语句执行前设置完全部参数。

```
ps.setlnt(1,60);
ps.setString(2," 客服部 ");
```

最后，在所有设置结束后，就可以执行 SQL 语句了，对数据库发出修改。

```
ps.executeUpdate();
```

需要注意的是 PreparedStatement 接口虽然扩展了语句接口，但把 Statement 对象的 execute() 方法用于准备语句对象仍是错误的。如果调用 executeQuery(String)，executeUpdate(String) 和 execute(String) 方法中的任何一个，驱动程序都将抛出一个 SQLException 类型的异常。使用预制语句实现添加语句代码如示例代码 4-1。

示例代码 4-1　使用预制语句实现添加语句

```
package t04;
import java.sql.*;

public class SQL01 {
    public static void main(String[] args) {
        Connection con;
        try{
            System.out.println(" 正在连接数据库 *******");
                    Class.forName("oracle.jdbc.driver.OracleDriver");
```

```
            //String url="jdbc:oracle:oci;@zengora";
            String url="jdbc:oracle:thin:@xunteng:1521:xunteng";
            con=DriverManager.getConnection(url,"scott","tiger");
            System.out.println(" 已连接到数据库 *******");

            String sql="INSERT INTO EMP(empno,ename,hiredate)values(?,?,?)";
            PreparedStatement pstmt=con.prepareStatement(sql);
            pstmt.setInt(1, 2234);
            pstmt.setString(2, " 张三 ");
            pstmt.setDate(3, Date.valueOf("2016-3-3"));
            pstmt.executeUpdate();
            System.out.println(" 行已添加 ");
            pstmt.close();
            con.close();

        }
        catch(Exception e){
            System.out.println(" 数据库有错 "+e);
        }
    }
}
```

程序运行结果如图 4-1 所示。

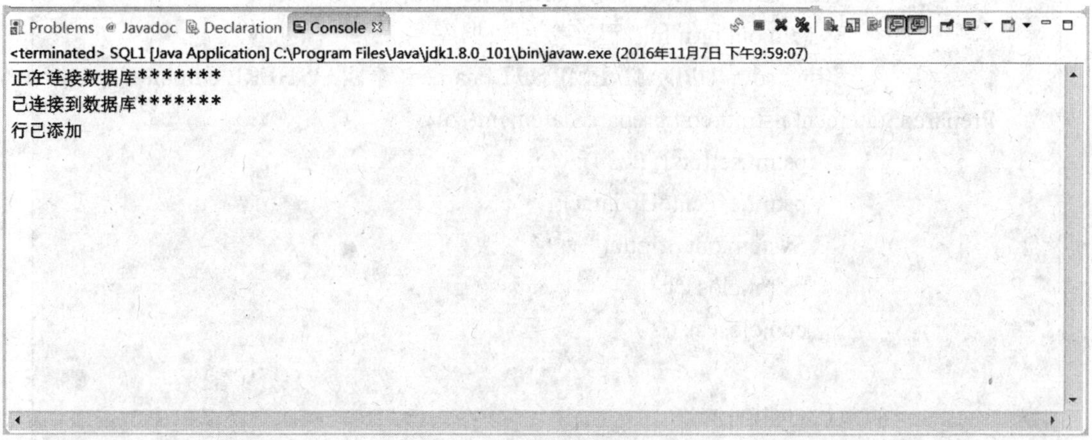

```
Problems  Javadoc  Declaration  Console
<terminated> SQL1 [Java Application] C:\Program Files\Java\jdk1.8.0_101\bin\javaw.exe (2016年11月7日 下午9:59:07)
正在连接数据库*******
已连接到数据库*******
行已添加
```

图 4-1　运行结果

上述例子向数据库 EMP 表中插入一条记录，对员工编码，员工姓名，入职日期三个字段填充数据。其中特殊的是对日期的处理：

```
pstmt.setDate(3,Date.valueOf("2004-3-3"));
```

使用了包装类 Date 的 valueOf 将日期字符串转换成日期类型，填充到 SQL 指令中。使用预制语句实现修改数据如示例代码 4-2 所示。

示例代码 4-2　使用预制语句实现修改数据

```
package t04;

import java.sql.*;
public class SQL02 {

    /**
     * @param args
     */
    public static void main(String[] args) {
        Connection con;
        int no;
        String name;
        Date date;
        try{
            System.out.println("******* 正在连接数据库 *******");
            Class.forName("oracle.jdbc.driver.OracleDriver");
            //String url="jdbc:oracle:oci;@zengora";
            String url="jdbc:oracle:thin:@xunteng:1521:xunteng";
            con=DriverManager.getConnection(url,"scott","tiger");
            //con=ConnectionFactory.getConnection();
            System.out.println(" 已连接到数据库 ");
            String sql="UPDATE EMP SET ename=' 李四 ' WHERE empon=?";
PreparedStatement pstmt=con.prepareStatement(sql);
                pstmt.setInt(1, 2234);
                pstmt.executeUpdate();
                System.out.println(" 行已修改 ");
                pstmt.close();
                con.close();
        }
        catch(Exception e){
            System.out.println(" 数据库有错 "+e);
        }
    }
}
```

程序运行结果如图 4-2 所示。

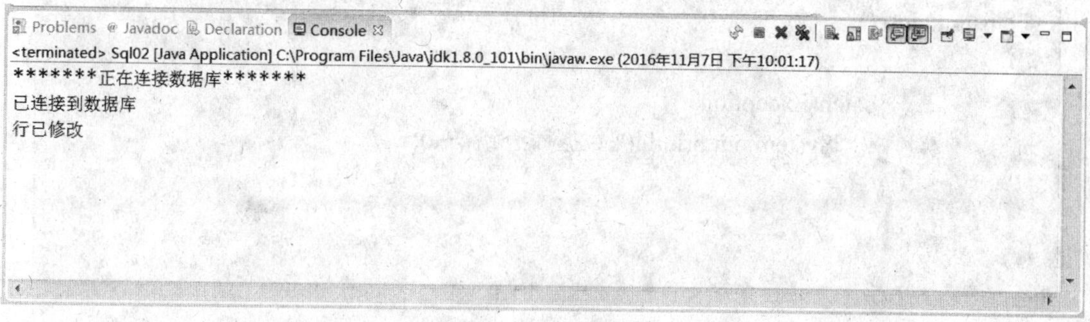

```
Problems @ Javadoc Declaration Console
<terminated> Sql02 [Java Application] C:\Program Files\Java\jdk1.8.0_101\bin\javaw.exe (2016年11月7日 下午10:01:17)
*******正在连接数据库*******
已连接到数据库
行已修改
```

图 4-2　运行结果

利用预制语句来查询数据如示例代码 4-3 所示。

示例代码 4-3　利用预制语句来查询数据

```
package t04;
import java.sql.*;
public class SQL02 {
    public static void main(String[] args) {
        Connection con;
        int no;
        String name;
        Date date;
        try{
            System.out.println(" 正在连接数据库 *******");
            Class.forName("oracle.jdbc.driver.OracleDriver");
            //String url="jdbc:oracle:oci;@zengora";
            String url="jdbc:oracle:thin:@xunteng:1521:xunteng";
            con=DriverManager.getConnection(url,"scott","tiger");
            System.out.println(" 已连接到数据库 *******");
            String sql="SELECT empno,ename,hiredate FROM EMP WHERE"+"ename
like ?";
            PreparedStatement pstmt=con.prepareStatement(sql);
            pstmt.setString(1, "%S%");
            ResultSet rs=pstmt.executeQuery();
            while(rs.next()){
                no=rs.getInt("empno");
                name=rs.getString("ename");
                date=rs.getDate(3);
                System.out.println(no+"\t\t"+name+"\t\t"+date.toString());
```

```
                }
    pstmt.close();
                con.close();
            }catch(Exception e){
                System.out.println(" 数据库有错 "+e);
            }
        }
    }
```

程序运行结果如图 4-3 所示。

```
Problems  Javadoc  Declaration  Console
<terminated> SQL022 [Java Application] C:\Program Files\Java\jdk1.8.0_101\bin\javaw.exe (2016年11月7日 下午10:03:12)
正在连接数据库*******
已连接到数据库*******
7566        JONES        1981-04-02
7788        SCOTT        1987-04-19
7876        ADAMS        1987-05-23
7900        JAMES        1981-12-03
```

图 4-3 运行结果

4.1.2 元数据

到目前为止，我们一直假设自己是 JDBC 应用程序的开发人员，并且知道自己正在处理的数据结构。换句话说，我们知道数据是如何建立起来的，数据库表是如何构造的，表中有什么列，以及它们如何相互关联起来。当查询数据库时我们就可以使用准确的 SQL 语句来从希望的表中抽出希望的列。这也同样适用于插入、删除以及更新数据的情况。

但是，我们也可能会遇到这样一种状况：对数据库的结构或数据库中的表的内容毫无所知。关于数据库的信息（与数据库中存储的信息相反）可以通过元数据对象来获得。

元数据是描述一个 RDBMS 提供何种功能和数据库中数据类型的数据。简单的说，元数据是"关于数据库的数据"。我们把元数据集体的叫做数据字典。JDBC 提供了两个元数据对象：DatabaseMetaData 数据库元数据和 ResultSetMetaData 结果集元数据。

DatabaseMetaData 对象提供关于数据库的信息。包括：

- 数据库与用户、数据库标识符以及函数与存储过程；
- 数据库支持与不支持的功能；
- 数据库限制，如数据库中名称的最大长度；
- 架构、编目、表和列。

ResultSetMetaData 对象可以获得关于结果集对象的元数据信息，主要包含有关于结果集中列的名称、类型、是 NULL 还是 NOT NULL、精度等信息。这是我们主要关注的。在数据库表中原有列之外，结果集还可以含有从表中派生来的信息（求和、计数）。可以通过调用一个

ResultSet 对象的 getMetaData() 方法来获得 ResultSetMetaData 对象：

```
ResultSet rs=stmt.executeQuery(sql);
ResultSetMetaData rsmd=rs.getMetaData();
```

一旦得到 ResultSetMetaData 对象，就可以使用多种方法读取 ResultSet 对象的元数据。表 4-1 列出一部分用于读结果集元数据的方法。

表 4-1　部分用于读结果集元数据的方法

方法	说明
getColumnCount()	返回结果集中的列数
getColumnName(int number)	返回 number 指定位置上的列的名称
getColumnType(int number)	返回列的类型
isNullable(int number)	如果列被定义为 NOT NULL，那么返回 0；否则返回 1

使用表 4-1 中的方法查看表 EMP 表的字段名和字段类型。如示例代码 4-4 所示。

示例代码 4-4　查看 EMP 表的字段名和字段类型

```
package t04;

import java.sql.*;

public class SQL05 {
    public static void main(String args[]){
        Connection con;
        int no;
        String name;
        Date date;
        try{
            System.out.println(" 正在连接数据库 *******");
            Class.forName("oracle.jdbc.driver.OracleDriver");
            String url="jdbc:oracle:thin:@xunteng:1521:xunteng";
            con=DriverManager.getConnection(url,"scott","tiger");
            System.out.println(" 已连接到数据库 *******");
            String sql="SELECT * FROM EMP";
            PreparedStatement pstmt=con.prepareStatement(sql);

            ResultSet rs=pstmt.executeQuery();
            ResultSetMetaData rsmd=rs.getMetaData();
```

```
                int columnCount=rsmd.getColumnCount();
                for(int counter=1;counter<=columnCount;counter++){
    System.out.print(rsmd.getColumnName(counter)+"("+rsmd.getColumnType
(counter)+")\t");
                }
                System.out.print("\n");

                while(rs.next()){
                    for(int i=1;i<=columnCount;i++){
                        System.out.print(rs.getObject(i)+"\t\t");
                    }
                    System.out.print("\n");
                }

                rs.close();
                pstmt.close();
                con.close();

            }catch(Exception e){
                System.out.println(" 数据库有错 "+e);
            }
        }
    }
```

程序运行结果如图 4-4 所示。

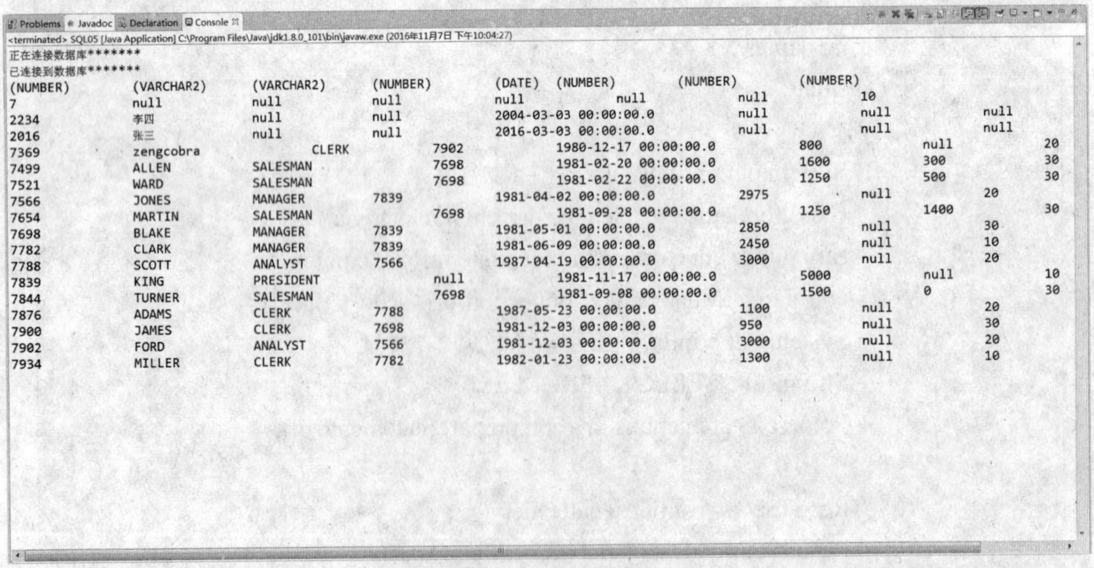

```
Problems  Javadoc  Declaration  Console
<terminated> SQL05 [Java Application] C:\Program Files\Java\jdk1.8.0_101\bin\javaw.exe (2016年11月7日 下午10:04:27)
正在连接数据库*******
已连接到数据库*******
(NUMBER)     (VARCHAR2)     (VARCHAR2)     (NUMBER)     (DATE)  (NUMBER)     (NUMBER)     (NUMBER)
7            null           null           null         null        null           null          10
2234         李四           null           null         2004-03-03 00:00:00.0      null          null          null
2016         张三           null           null         2016-03-03 00:00:00.0      null          null          null
7369         zengcobra            CLERK          7902         1980-12-17 00:00:00.0      800           null          20
7499         ALLEN          SALESMAN             7698         1981-02-20 00:00:00.0      1600          300           30
7521         WARD           SALESMAN             7698         1981-02-22 00:00:00.0      1250          500           30
7566         JONES          MANAGER        7839         1981-04-02 00:00:00.0      2975          null          20
7654         MARTIN         SALESMAN             7698         1981-09-28 00:00:00.0      1250          1400          30
7698         BLAKE          MANAGER        7839         1981-05-01 00:00:00.0      2850          null          30
7782         CLARK          MANAGER        7839         1981-06-09 00:00:00.0      2450          null          10
7788         SCOTT          ANALYST        7566         1987-04-19 00:00:00.0      3000          null          20
7839         KING           PRESIDENT            null         1981-11-17 00:00:00.0      5000          null          10
7844         TURNER         SALESMAN             7698         1981-09-08 00:00:00.0      1500          0             30
7876         ADAMS          CLERK          7788         1987-05-23 00:00:00.0      1100          null          20
7900         JAMES          CLERK          7698         1981-12-03 00:00:00.0      950           null          30
7902         FORD           ANALYST        7566         1981-12-03 00:00:00.0      3000          null          20
7934         MILLER         CLERK          7782         1982-01-23 00:00:00.0      1300          null          10
```

图 4-4 运行结果

上面例子中先利用 ResultSetMetaData 显示了结果记录集中的字段名和字段类型。然后通过字段数控制了循环次数，读取记录中的字段值。

```
for(int i = 1; i <=columnCount;i++)
        System.out.print(rs.getobject(i) + "\t\t");
```

然后忽略字段的数据类型，利用 ResultSet 的 getObject() 方法依次读取当前纪录的所有字段值，封装成 Object 类型输出。

4.2　事务

如果说有一样东西能把数据库与文件隔开的话。它就具备支持事务的能力。如果我们正把一个文件写入到一半，操作系统突然发生崩溃，那么这个文件很可能已遭到破坏。如果我们正写入到一个数据库文件中，那么借助事务的正确使用，可以保存数据库在该过程彻底成功状态，或恢复到它在写操作开始之前的状态。

这就是事务在数据库中的主要用途——它们把数据库从一个一致状态带到下一个一致状态。当我们在数据库中提交工作，事务保证我们的修改要么全部得到保存，要么全部得不到保存。此外，事务还保证数据完整性（即我们的所有规则和检查）得到满足。总之，事务具备四个属性：

- 原子性。该事务（无论它是由一条还是多条 SQL 语句组成）被称为单个执行单元来对待。
- 一致性。当该事务结束时，它把数据库留在一个有效状态。
- 隔离性。把不同事务内发生的数据库修改区分开来。
- 耐久性。当该事务结束时，它所做的修改是持久的。

这四个属性常常用它们的首字母所构成的缩写词来称呼：ACID 属性。

现在，让我们来看一看读者可以使用的两条主要事务控制语句：

- 提交。让除当前事务之外的所有修改在数据库中成为永久性。
- 回退。把数据库恢复到上一个成功提交之后所存在的那一个状态，通常是当前事务开始前面所存在的那个状态。

JDBC 驱动程序所提供的连接类将提供事务控制。当代码从 DriverManager 中获取一条连接时，JDBC 要求该连接处于自动提交模式中。这意味着每条 SQL 语句都当作一个事务来对待，而且该事务会在该语句结束时被提交。

这样的做法对任何类型的实际应用程序来说是有问题的。最简单的例子就是生成订单，假设客户在一份订单中订购了两种商品，体现在数据库操作上就应该是在一个事务内，将两种商品信息录入到订单明细表中，必须确保所有商品都录入。但如果是自动提交事务，就会出现问题，可能在第一个商品插入完成后，出现一些异常导致第二条商品没有正确插入，使得订单的信息不完整。如果不是自动提交事务就可以进行回退，回到商品录入前的状态。

JDBC 通过 Connection 对象的 setAutocommit(boolean) 方法决定是否启用自动提交。当

自动提交模式被设置成 false 时，事务管理现在必须由代码来明确控制。而代码通过在适当的时候调用连接对象的适当方法来完成它的任务。发送给数据库的 SQL 语句仍将得到执行，但该事务在语句执行完毕时不被提交。该事务将等到代码调用了连接对象的 commit() 方法时才会提交。另一种情况是，如果代码调用连接对象的 rollback() 方法，该事务可以回退。利用事务完成记录的插入如示例代码 4-5 所示。

示例代码 4-5 利用事务完成记录的插入

```
package p72;
import java.sql.*;
public class SQL04 {
    public static void main(String[] args) {
        Connection con=null;
        PreparedStatement pstmt=null;
        try{
            System.out.println(" 正在连接数据库 *******");
            Class.forName("oracle.jdbc.driver.OracleDriver");
            String url="jdbc:oracle:thin:@xunteng:1521:xunteng";
            con=DriverManager.getConnection(url,"scott","tiger");
            con.setAutoCommit(false);
            System.out.println(" 已连接到数据库 *******");
            String sql="INSERT INTO EMP(empno,ename,hiredate)VALUES(?,?,?)";
            pstmt=con.prepareStatement(sql);

            pstmt.setInt(1, 2235);
            pstmt.setString(2, " 张三 ");
            pstmt.setDate(3, Date.valueOf("2004-3-3"));
            pstmt.executeUpdate();
            System.out.println(" 行已添加 ");

            sql="INSERT INTO EMP(empno,ename,hiredate)VALUES(?,?,?)";
            pstmt=con.prepareStatement(sql);

            pstmt.setInt(1, 2236);
            pstmt.setString(2, " 王五 ");
            pstmt.setDate(3, Date.valueOf("2004-6-3"));
            pstmt.executeUpdate();
            con.commit();
            pstmt.close();
```

```
                con.close();
                con=DriverManager.getConnection(url,"scott","tiger");
                System.out.println(" 已连接到数据库 *******");
                Statement stmt=con.createStatement();
                String query="select empno,ename from emp";
                stmt.execute(query);
                ResultSet rs=stmt.getResultSet();
                while(rs.next()){
                    int i=rs.getInt(1);  // 得到当前记录的第一个字段的值，即 empno
字段的值
                    String name=rs.getString(2);  // 得到当前记录的第二个字段的值
ename 字段的值
                    System.out.println(Integer.toString(i)+"   "+name);

                }
            }catch(Exception e1){
                try{
                    con.rollback();

                    con.close();
                    System.out.println(e1.getMessage());
                }catch(SQLException e2){
                    System.out.println(e2.getMessage());
                }
            }
        }
    }
```

程序运行结果如图 4-5。

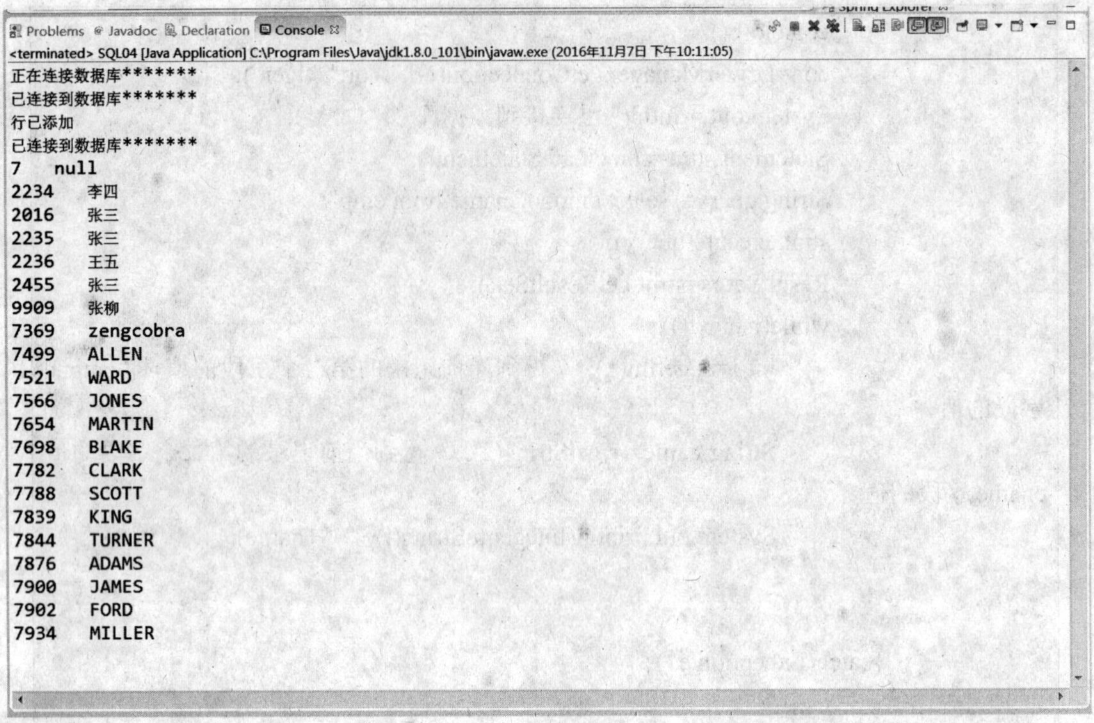

```
Problems  Javadoc  Declaration  Console
<terminated> SQL04 [Java Application] C:\Program Files\Java\jdk1.8.0_101\bin\javaw.exe (2016年11月7日 下午10:11:05)
正在连接数据库*******
已连接到数据库*******
行已添加
已连接到数据库*******
7   null
2234    李四
2016    张三
2235    张三
2236    王五
2455    张三
9909    张柳
7369    zengcobra
7499    ALLEN
7521    WARD
7566    JONES
7654    MARTIN
7698    BLAKE
7782    CLARK
7788    SCOTT
7839    KING
7844    TURNER
7876    ADAMS
7900    JAMES
7902    FORD
7934    MILLER
```

图 4-5　运行结果

上面的事例代码就是通过事务来管理我们的数据录入。在数据库连接建立之后，将事务设置为手动提交。成功地插入一条记录后，故意将 INSERT 语句的字段名 ename 写错为 enane。

```
Sql="INSERT INTO EMP(empno,enane,hiredate) VALUES(?,?, ? )";
```

这样必然会引发异常，控制权跳转到异常处理部分，调用 Connection 对象的 rollback() 方法，将事务回退，清除已插入的这条记录。由于 rollback() 方法本身也会抛出异常，所以它被放在了一个嵌套的 try 块中。

如果没有 rollback() 方法，即便发生了异常，第一条记录也不会被回退，而是成功的写入了数据库。

JDBC 处理事务比较特殊的一点是，虽然在程序中将自动事务关闭，设置成手动事务，且程序最后没有手动提交事务，但是如果数据库没有发生异常，在执行了 Connection 的 close() 方法之后，该事务依然会被 close() 方法提交。Connection 的 close() 方法如示例代码 4-6 所示。

示例代码 4-6　Connection 的 close() 方法

```
package t04;
import java.sql.*;
public class SQL03 {
	public static void main(String args[]){
		Connection con;
		try{
			System.out.println(" 正在连接数据库 *******");
			Class.forName("oracle.jdbc.driver.OracleDriver");
			//String url="jdbc:oracle:oci:@zengora";
			String url="jdbc:oracle:thin:@xunteng:1521:xunteng";
			con=DriverManager.getConnection(url,"scott","tiger");
			con.setAutoCommit(false);
			System.out.println(" 已连接到数据库 *******");

			String sql="UPDATE EMP SET ename=' 李四 ' WHERE empno=?";
			PreparedStatement pstmt=con.prepareStatement(sql);
			pstmt.setInt(1, 2234);
			pstmt.executeUpdate();
			System.out.println(" 行已修改 ");
			pstmt.close();
			con.close();
		}catch(Exception e){
			System.out.println(" 数据库有错 "+e);
		}
	}
}
```

程序运行结果如图 4-6。

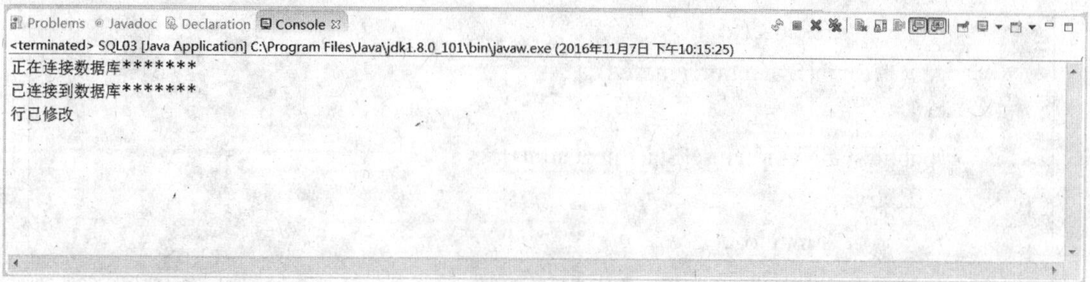

```
Problems  Javadoc  Declaration  Console
<terminated> SQL03 [Java Application] C:\Program Files\Java\jdk1.8.0_101\bin\javaw.exe (2016年11月7日 下午10:15:25)
正在连接数据库*******
已连接到数据库*******
行已修改
```

图 4-6　运行结果

4.3 封装数据访问

4.3.1 连接工厂类

从上面的一系列例子中可以感觉到，连接数据库的语句是一样的，那么在一个工程中可以定义出一个类似专门用于完成数据库连接，这类就可以当作工厂类。连接工厂类如示例代码 4-7 所示。

示例代码 4-7 连接工厂类

```
package t04;
import java.sql.*;
public class ConnectionFactory {
    private static ConnectionFactory ref=new ConnectionFactory();
    private ConnectionFactory(){
        try{
            Class.forName("oracle.jdbc.driver.OracleDriver");
        }
        catch(ClassNotFoundException e){
            System.out.println(" 加载驱动时发生异常 ");
        }
    }
    public static Connection getConnection() throws SQLException{
        String url="jdbc:oracle:thin:@server:1521:xunteng";
        return DriverManager.getConnection(url,"scott","tiger");
    }
    public static void close(ResultSet rs){
        try{
            rs.close();
        }catch(Exception ignored){}
    }
    public static void close(Statement stmt){
        try{
            stmt.close();
        }catch(Exception ignored){}
    }
```

```
            public static void close(Connection con){
            try{
                con.close();
            }catch(Exception ignored){}
        }
    }
```

这个类是一个纯静态类的实现。它的所有方法都是静态的，所以不需要这个类的任何实例。对每个方法的调用可以通过其类名来进行。

```
    Connection con=ConnectionFactory.getConnection();
```

即使有调用者需要这个类的一个实例，也无任何实例能被创建。因为构造器是专用的。当这个类被装入时，虚拟机初始化它的静态成员变量。这个变量的初始化是通过调用构造器并分配指向该变量的引用指针来进行的。

```
    private static ConnectionFactory ref=new ConnectionFactory();
```

由于无这个类的任何实例被实际需求（所以方法都是静态的），所以存在这个静态变量的唯一原因是调用构造器装入驱动程序。我们可以调用 getConnection() 方法来获得与数据库的连接。当某个需要释放一个资源时，它将调用那些 close() 方法之一。由于 ConnectionFactory 类将处理获取连接的所有细节，所以这个类的用户不必知道任何一个连接参数。

4.3.2　JavaBean 类

JavaBean 是基于可重用的软件组织模型开发出来的。被用于封装各种操作的细节，可以用来实现业务逻辑或数据访问逻辑的细节。这样就可以将软件分层：显示给客户的是一部分类，访问数据库的是一部分类。不必再将两部分写在一起，使我们的类看上去很庞大，很复杂。

（1）JavaBean 的要求

JavaBean 是完全按照面向对象设计的，与所有的类一样，对于类中数据成员不能直接访问，必须通过相应的方法来访问，这种方法被称为 accessor() 方法。

accessor() 方法通常成对出现，即通常以读取属性的和对属性赋值 setXXX() 方式出现，其中 XXX 是属性的名字并且第一个字母必须大写。这是 JavaBean 中的命名规范。如：JavaBean 中存在名为 customerName 的字符串类型的属性，则 accessor() 方法为：

```
    public String getCustomerName()
    {
        return customerName;
    }
    public void setCustomerName(String vName)
    {
```

```
        customerName=new String(vName);
    }
```

在项目应用中可能还会出现一种特殊的情况，Bean 中数据成员 Bean 初始化以后，就不希望它的赋值再发生改变，比如说银行项目中，对账户的映射 Bean 来说，帐号是在 Bean 对象创建好以后就不再改变的数据成员。所以在这个属性的 accessor() 方法上仅提供了 getXXX() 方法，而没有 setXXX() 方法，形成只读数据成员。

另外一个重要的要求就是在 JavaBean 中必须包含无参数构造函数，或者说是缺省构造函数。

（2）JavaBean 对数据的映射

JavaBean 有一个重要用途，就是映射数据库。实现有两种方式。

- 映射单个实体：即映射表中的一条记录。

在这种模式中 Bean 中的数据成员就是表中的字段，方法成员就是这些字段值做操作 . 例如数据库中有一张表叫 Customers, 有 customerID、customer_name、customer_type 和 comments 这几个字段。我们据此就可以写出我们的 JavaBean 中的数据成员。那么在根据业务逻辑需要，书写方法成员，比如允许修改用户的基本信息，就可以给出相应修改数据库表中记录的方法。JavaBean 映射表的记录如示例代码 4-8 所示。

示例代码 4-8　JavaBean 映射表的记录

```
package p78;
import p76.ConnectionFactory;
import java.sql.*;
public class Customer {
    protected String customerID;
    protected String customerName;
    protected String customerType;
    protected String comments;
    public void setCustomerID(String customerID) {
        this.customerID = customerID;
    }
    public String getCustomerID() {
        return customerID;
    }
    public void setCustomerName(String customerName) {
        this.customerName = customerName;
    }
    public String getCustomerName() {
        return customerName;
```

```
    }
    public void setCustomerType(String customerType) {
        this.customerType = customerType;
    }
    public String getCustomerType() {
        return customerType;
    }
    public void setComments(String comments) {
        this.comments = comments;
    }
    public String getComments() {
        return comments;
    }
    public void updateToDB(){
        try{
            Connection con=ConnectionFactory.getConnection();
            String sql="UPDATE Customers SET customer_name=?,customer_type=?,";
            sql=sql+"comments=? WHERE customerID=?";
            PreparedStatement ps=con.prepareStatement(sql);
            ps.setString(1, customerName);
            ps.setString(2, customerType);
            ps.setString(3, comments);
            ps.setString(4, customerID);
            ps.executeUpdate();
        }catch(Exception e){
            e.printStackTrace();
        }
    }
}
```

有了该对象后，在需要时，就可以定义出该类的对象来映射数据库中的记录，如果需要修改数据库中记录的话，直接调用 updateToDB() 方法就可以了。

● 映射实体集：即映射数据库中的一张表或映射一张视图。

在项目中有时需要将数据库中查询返回的 ResultSet 记录集对象在软件层次之间传递，比如获得网站上的销售排行榜，需要从负责数据访问的层次传递到负责实现业务逻辑的层次，而 ResultSet 对象的维持需要占用数据库连接，不利于多用户并发访问数据库。所以我们要将记录集的数据按行从记录集中读取出来，并保存在集合中，由 JavaBean 维持该集合，在该 JavaBean 中放置对所映射实体集的数据库数据处理语句，如记录更改，新记录插入等。创建出一个 JavaBean 封装对 Customers 表的操作如示例代码 4-9 所示。

示例代码 4-9　创建出一个 JavaBean 封装对 Customers 表的操作

```
package p79;
import p76.ConnectionFactory;
import java.sql.*;
import java.util.*;
public class SQL07 {
    // 获得所有员工数据
    public ArrayList getAllEmp() throws Exception{
        ArrayList list=new ArrayList();
        Connection con=ConnectionFactory.getConnection();
            Statement stmt=con.createStatement();
        ResultSet rs=stmt.executeQuery("SELECT * FROM");
        Employee e;
        while(rs.next()){
            e=new Employee(rs.getInt(1),rs.getString(2));
            list.add(e);
        }
        stmt.close();
        rs.close();
        con.close();
        return list;
    }
    // 根据特定字段获得记录
    public ArrayList getEmpBySomeField(String fieldName,String fieldValue) throws
Exception{
        ArrayList list=new ArrayList();
        String sql="SELECT empno,ename FROM WHERE";
        if(fieldName.equals("empno")){
            sql=sql+fieldName+"="+fieldValue;
        }
        else{

          sql=sql+fieldName+"='"+fieldValue+"'";
        }
        Connection con=ConnectionFactory.getConnection();
        Statement stmt=con.createStatement();
        ResultSet rs=stmt.executeQuery(sql);
        Employee e;
```

```
        while(rs.next()){
            e=new Employee(rs.getInt(1),rs.getString(2));
            list.add(e);
        }
        stmt.close();
        rs.close();
        con.close();
        return list;
    }
    // 插入记录
    public void insertToDB(int empno,String ename) throws Exception{
        Connection con=ConnectionFactory.getConnection();
        String sql="INSERT INTO(empno,ename)";
        sql=sql+"values(?,?)";
        PreparedStatement ps=con.prepareStatement(sql);
        ps.setInt(1, empno);
        ps.setString(2, ename);
        ps.executeUpdate();
        ps.close();
        con.close();
    }

    // 根据员工编号删除记录
    public void deleteFromDB(int empno)throws Exception{
        Connection con=ConnectionFactory.getConnection();
        String sql="DELETE WHERE empno=?";
        PreparedStatement ps=con.prepareStatement(sql);
        ps.setInt(1, empno);
        ps.executeUpdate();
        ps.close();
        con.close();
    }
     // 根据员工编号更新记录
     public void updateToDB(int empno,String ename) throws Exception{
     Connection con=ConnectionFactory.getConnection();
        String sql="UPDATE SET ename=? WHERE empno=?";
        PreparedStatement ps=con.prepareStatement(sql);
        ps.setString(1, ename);
```

```
            ps.setInt(2, empno);
            ps.executeUpdate();
            ps.close();
            con.close();
        }
        // 放置 main 主函数测试上述方法
        public static void main(String args[]){
            try{
                SQL07 obj=new SQL07();
                ArrayList list=obj.getAllEmp();
                Iterator it=list.iterator();
                System.out.println(" 员工编号 \t"+" 员工姓名 ");
                while(it.hasNext()){
                    Employee e=(Employee)it.next();
                    System.out.println(e.getEmpno()+"\t"+e.getEname());
                }
                System.out.println("\n 插入一条记录 ");
                obj.insertToDB(23, " 张三 ");
                list=obj.getEmpBySomeField("ename", " 张三 ");
                it=list.iterator();
                while(it.hasNext()){
                    Employee e=(Employee)it.next();
                    System.out.println(e.getEmpno()+"\t"+e.getEname());
                }
                System.out.println("\n 修改一条记录 ");
                obj.updateToDB(23, " 李四 ");
                list=obj.getEmpBySomeField("empno", "23");
                it=list.iterator();
                while(it.hasNext()){
                    Employee e=(Employee)it.next();
                    System.out.println(e.getEmpno()+"\t"+e.getEname());
                }
            }catch(Exception e){
                System.out.println(e.getMessage());
            }
        }
    }
```

4.4 小结

✓ 在本章中，我们介绍了预制语句接口，通过预制语句完成数据库的增加、删除、修改、查询。并且通过元数据返回获取了数据库中表的结构：字段数目、字段名称、字段类型等。

✓ 学习 JDBC 的事务处理。了解 JDBC 的默认事务处理方式：自动事务。

✓ 最后我们学习如何建立一个连接工厂，避免程序中多次书写相同代码的情况。并且利用 JavaBean 来封装对数据库的操作：单一记录和记录集映射。

4.5　英语角

prepare　　预先的，准备好的
meta　　元数据
field　　字段

4.6　作业

1. 利用预制语句编写程序完成从数据库中 EMP 和 DEPT 表读取员工的薪金，包括工资和奖金。

2. 编写一个 JavaBean 封装对客户的数据库操作。

4.7　思考题

1. 如何通过预制语句在数据库中建表？

2. 如何得到数据库（Database）信息而非数据库表（Table）的信息？

4.8 学员回顾内容

1. 预制语句的使用方式。
2. 元数据的使用方式。
3. 如何完成对数据库表的操作。

第 5 章　Web 运行模式:Tomcat

学习目标

✧ 理解 C/S 和 B/S 的开发模式。
✧ 了解 B/S 的多种开发方式。
✧ 理解 JSP 运行原理。
✧ 掌握部署 JSP。

课前准备

掌握面向对象的基本概念,熟悉 Java 语言,熟悉 HTML。

本章简介

JSP 已经成为当今最流行的网络编程语言,它正在被广泛的运用于电子商务、电子政务及各行业的软件中。

5.1　程序网络计算模式

随着网络技术的不断发展，Internet 对人们日常生活的渗透,单机的软件程序将难以满足人们网络计算的需要,各种各样的网络计算模式应运而生。C/S 模式与 B/S 模式是网络计算模式中运用最多的两种计算模式。

5.1.1　C/S 模式

C/S（Client/Server, 客户机 / 服务器）方式的网络计算模式,工作分别由服务器和客户机完成。服务器负责管理数据的访问,为多个客户程序管理数据,对数据进行检索和排序,此外还要对客户机 / 服务器网络结构中的数据库安全层层加锁,进行保护。客户机负责与用户的交互,收集用户信息,通过网络和服务器请求对诸如数据库、电子表格或文字处理文档等信息的处理工作。

最简单的 C/S 模式数据库应用,由两部分组成,即客户应用程序和数据库服务程序。两者可分别称为前台程序和后台程序。运行数据库服务器程序的计算机,称为应用服务器,服务器启动后,就随时等待相应客户程序发来的请求;客户程序在客户使用的计算机上运行,客户使用的计算机称为客户机。当需要对数据库中的数据进行访问时，客户程序就自动寻找服务器程序，并向其发出请求，服务器程序根据预定的规则做出应答，送回结果。应用的形式如图 5-1 所示。

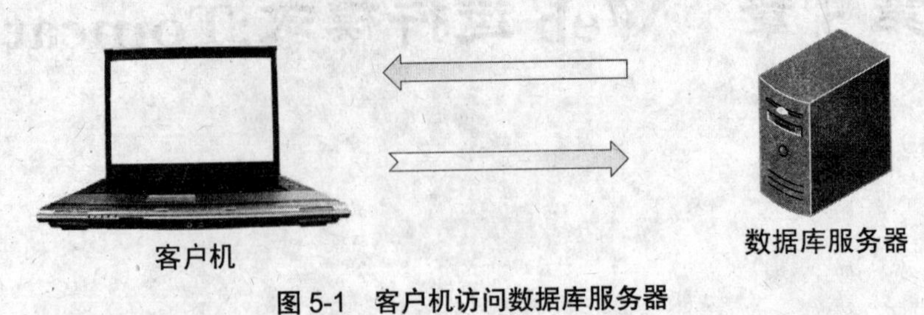

图 5-1 客户机访问数据库服务器

5.1.2 B/S 模式

B/S（Browser/Server, 浏览器 / 服务器）方式的网络结构，在客户端不需要开发任何用户界面，而统一采用 IE 和 Netscape 一类的浏览器，通过 Web 浏览器向 Web 服务器提出请求，由 Web 服务器对数据库进行操作，并将结果逐级传回客户端。

在 B/S 体系结构中，用户通过浏览器向分布在网络上的许多服务器发出请求，服务器对浏览器的请求进行处理，将用户所需信息返回到浏览器。B/S 结构简化了客户机的工作，客户机上只须配置少量的客户端软件。服务器将负担更多的工作，对数据库的访问和应用程序的执行将在服务器上完成。浏览器发出请求，而其余如数据请求、加工、结果返回以及动态网页生成等工作全部由 Web 服务器完成。

这种三层体系结构如图 5-2 所示。

图 5-2 三层体系结构图

B/S 模式的优点：

- 客户端基于统一的 Web 浏览器，减少了投资，解决了系统维护升级的问题。
- 系统功能模块化：采用模块化结构，使用户可以根据管理要求和规模对系统功能进行调整。
- 灵活性和可扩展性：系统可根据规模的不断扩大，在不影响用户日常工作的前提下，对 Web 服务器和数据库服务器等设备进行扩展。
- 简易性：操作直观、简单，培训方便，对使用人的计算机操作水平要求不高。
- 实施成本低：充分利用现有的办公网络，避免了网络重复建设。

5.2　B/S 模式技术介绍

B/S 模式下的编程技术有许多种，这里列出比较常见的几种，以供对比分析。

5.2.1　CGI

CGI（Common Gateway Interface, 通用网关接口）技术原理如图 5-3 所示。

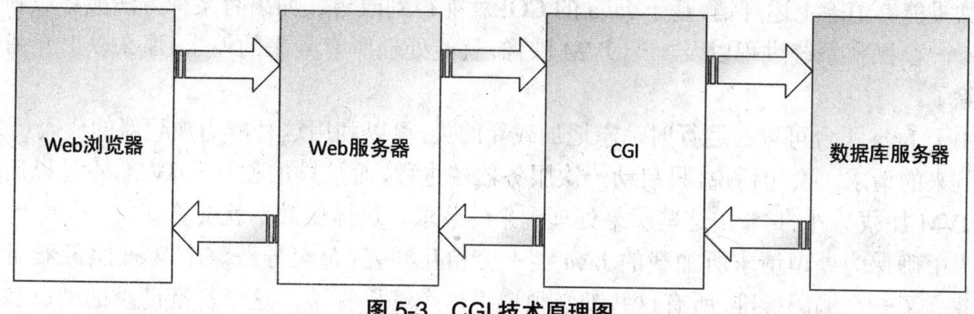

图 5-3　CGI 技术原理图

首先，客户端（即 Web 浏览器）根据某资源的 URL（Uniform Resource Locater，统一资源定位器）向 Web 服务器提出请求；Web 服务器的 HTTP Daemon（守护进程）将此请求的参数通过标准输入 stdin 和环境变量传递给指定的 CGI 程序，并启动此应用程序进行处理，如要存取数据库服务器上数据库的数据，则向数据库服务器发出处理请求，数据库服务器将执行结果返回给 CGI 程序；CGI 程序把处理结果通过标准输出 stdout 返回给 HTTP Daemon 进程，再由 HTTP Daemon 进程返回给客户端，由浏览器解释执行，将最终结果在用户面前显示。

CGI 允许 Web 服务器运行外部应用程序，以通过外部程序来访问数据库一些外部资源，并产生 HTML 文档给浏览器。但每次请求 CGI 程序都要重新启动程序，影响了响应的速度，且 CGI 程序不能被多个客户请求共享，影响了各种资源的使用效率。编写 CGI 的程序设计语言有许多种，常用的有 C、PERL、Visual C++ 等。

5.2.2　ASP

ASP（Active Server Pages）是基于微软 Windows 平台的动态页面开发技术，可以用 VBScript 或 JavaScript 语言来编写，支持 COM/DCOM 构建模型，其技术易学，开发效率高。

IIS（Internet Information Server，因特网信息服务）用于建立微软系统的 Web 服务器，被捆绑在 NT 软件的各个版本中。提供了 WWW（World Wide Web 万维网）、FTP（File Transfer Protocol, 文件传输协议）、SMTP（Simple Mail Transfer Protocol，简单邮件传输协议）等各种服务。

Microsoft 的 ASP 技术目前已发展到 .Net 版。对很多人来说，用 ASP 来创建 Windows 服务器平台上的动态 Web 网页、整个站点和基于 Web 的应用程序已经成为极其自然的方法。

但是该项技术有些缺陷，即只能建立在微软平台上，所使用的软件都是微软的产品，故使用成本较高，而且平台本身的问题也造成这种B/S平台的效率不高。

5.2.3 改善的CGI: Servlet

基于CGI的主要缺点如下：

- 要为每个到来的请求启动一个操作系统进程，这就会带来开销。
- 要为每个到来的请求加载和运行一个程序，这也会带来开销。
- 需要重复地编写代码来处理网络协议，以及对请求进行解码，这是很复杂的。

前两个操作需要耗费大量CPU周期和内存，因为对每个到来的请求都必须完成这两个操作，倘若在很短的时间内有太多的请求到达，服务器主机就会负荷过重。

如果能够消除上述开销，基于Java的CGI就能得到改善。如果有某种方法能够做到只需要启动一个操作系统进程以及一个JVM映像，就能处理所有到来的请求，那么以上开销就可以消除了。

由于Java平台可以在运行时动态地加载新的类，可以利用这种能力加载新的代码（类）来处理到来的请求。换句话说，只启动一次服务器端进程，而且只加载一次JVM，不过以后再用这个JVM加载另外的类，由这些类来处理到来的请求。这样做效率就会更高。

为了确保为处理请求所加载的Java类不会相互冲突（甚至导致整个Web服务器崩溃），为此建立了一个编码标准，所有这些都必须遵循这个编码标准。这个标准请求的动态加载的类成为Servlet。

管理加载、卸载、重新加载和执行Servlet的代码部分成为一个Servlet容器。如果系统内存不够了，可能需要卸载Servlet，而且某些Servlet不会用太长时间。如果Servlet的代码在上一次使用以后已经有所修改，就需要重新加载。

目前大部分Web服务器和Servlet容器在同一个JVM上运行，即JVM与Web服务器在同一个操作系统进程中运行。这样就能快速的传输请求信息，并处理CGI代码的输出。不好的方面是，如果Servlet容器或某个Servlet崩溃，整个Web服务器都可能崩溃，因为它们都在同一个进程中。

Servlet可以看作是使用Java编程语言完成CGI操作的一个高效方法。表示Servlet的Java容器动态加载。程序员首先要编写Java代码，再完成编译，然后要通过Servlet容器注册和执行这些代码。如果需要修改Servlet，就必须对Java源代码进行修改、重新编译，然后再通过Servlet容器重新部署。

Servlet主要是生成一个HTML页面。因此，可以看到，HelloWorldExample类如示例代码5-1所示。

示例代码5-1 HelloworldExample类代码

```
public class HelloWorldExample extends HttpServlet{
public void doGet(HttpServletRequest request,HttpServletResponse response)
throws IOException,ServletException
{
    response.setContentType('Text/html');
```

```
        printWriter out=response.getWriter();
        String msg='Hello World!';
      out.println('<html>');
        out.println('<head>');
        out.println('<title>JSP2.0 Hello World</title>');
        out.println('</head>');
        out.println('<body bgcolor=\'white\'>');
        out.println('<h1>'+msg+'</h1>');
        out.println('</body>');
        out.println('</html>');
    }
  }
}
```

客户在客户端浏览器发出对特定 Servlet 请求，请求被服务器所接受，由服务器的 Servlet 容器去加载所请求的 Servlet 类，在加载并初始化 Servlet 时，将用户的这次请求用一个 HttpServletRequest 对象封装起来转递给该 Servlet, 由 Servlet 类来读取用户请求做出响应处理。最后利用 HttpServletReponese 响应对象将处理后产生的 HTML 结果返回给客户端浏览器。

这里重复使用了 PrintWriter 的 println() 方法来输出的 HIML 页面。哪怕是对 HTML 做一个小改动时，都必须对 Java 源代码进行修改、重新编译和重新部署。早期的 Servlet 开发人员就不得不对这样的大量繁琐工作。实际上，这个过程还很不好的把 Web 页面设计工作和服务器业务逻辑设计工作捆绑在一起，以致程序员要同时兼顾这两个方面。

5.2.4　JSP

JSP 是 Java Servlet Pages 的缩写，由 SUN 公司倡导，于 1999 年推出，正日益成为开发动态网站的重要而快速的开发技术。

JSP 充分利用了 Java 技术的优势，具有极强的扩展能力和良好的收缩性，与开发平台无关，这源于 Java 的“一次编写，到处运行”的特点，同时也是一项安全的技术。它具有良好的将动态页面与静态页面分离的能力，编译后运行，只要 JSP 有修改，就可以自动检测和重新编译。因而正逐渐成为开发的主流技术。

JSP 的实质就是 Servlet 的文本化，JSP 是纯粹的文本文件，本身不需要编译，只需要放在 Web 服务器的指定路径中，就可以响应 Web06 请求。在第一次响应请求时，JSP 会进行一次编译工作，将其编译成 Servlet 类，然后按照 Servlet 的方式加载它。这使得 JSP 比 Servlet 编写容易。

5.2.5　JSP 与其他 B/S 模式技术的比较

JSP 相对于其他 B/S 模式下的动态网页技术有诸多的优势，因此它被许多人认为是未来最有发展前途的技术。

1. 跨平台性

ASP 只能运行在 Windows 平台下，而 JSP 基于强大的 Java 语言，可以在几乎所有的操作系统平台运行。而著名的 Web 服务器能够很好的支持 JSP，它被广泛的运用在 NT、UNIX、Linux 中。

由于历史原因，UNIX 的优势依然存在，越来越多的编程爱好者喜欢使用 Linux，所以生产 Linux 操作系统的商家不断地发行 Linux 的新版本，界面越加人性化，功能正日益强大，Internet 上的很多服务都用 Linux 平台。因此，JSP 在这方面占有很大的优势。

2. 一次编写，到处运行

JSP 拥有 Java 语言"一次编写，到处运行"的特点，JSP 从一个平台移植到另一个平台，JSP 和 JavaBean 甚至不用编译，因为 Java 字节码都是标准的字节码与平台无关。一些软件公司采取了在 Windows 下开发，Linux 下安装与调试无关的开发方式。

3. 可重用性

在 JSP 中可以将逻辑封装在组件中，有它们来执行一些复杂的处理，再通过 JSP 调用将处理的结果显示出来。一方面是开发组件的开发人员可以专注于组件开发；另一方面编写 JSP 的开发人员可以在多处使用组件，而不必关心组件实现的细节；而且修改组件只需改动组件内部的设计而不必更改 JSP 代码。这样，大大提高了系统的可重用性，在这个项目中设计的组件在今后的类似项目中还可以继续使用。

5.3 JSP 运行原理

图 5-4 是 JSP 运行的运行过程图，首先客户机浏览器向 Web 服务器发出请求；Web 服务器的 JSP 容器（实质上就是 Servlet 容器）接受请求，将该请求转至指定的处理程序，就是我们事先编好的 JSP 页面；该页面被加载到内存执行；根据该页面书写的语句向数据库服务器发出请求，执行数据库访问；然后将数据库结果送回 Web 服务器；接着由 Web 服务器进行结构拼接，形成 HTML 文件；最后将这个 HTML 文本发送回客户机，由浏览器显示。

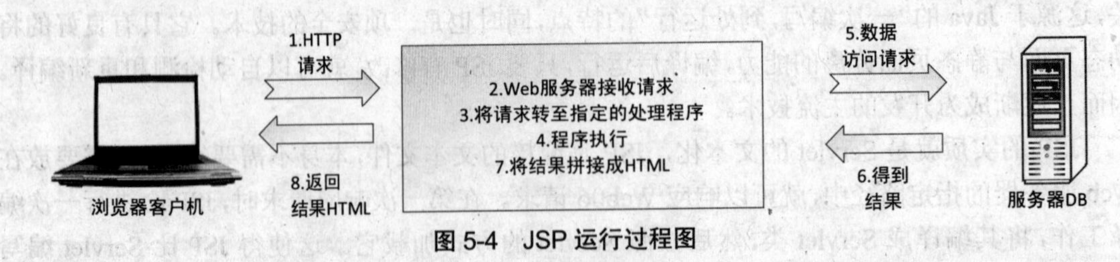

图 5-4 JSP 运行过程图

我们把上面的过程再深入的研究一下，可以发现，当 Web 服务器上的一个 JSP 页面第一次被请求执行时，JSP 引擎先将 JSP 页面文件转译成一个 Java 文件，即 Servlet（这部分内容将在下学期学到）。服务器将前面转译成的 Java 文件编译成字节码文件，再执行这个字节码文件来响应客户的请求。当这个 JSP 页面再次被请求时，将直接执行编译生成的字节码文件来响应，从而加快了执行速度。

我们看一个最简单的 JSP 页面（MyJsp.jsp），MyJsp.jsp 如示例代码 5-2 所示。

示例代码 5-2 MyJsp.jsp

```
<%@page language='java' import="java.util.*"  pageEncoding="ISO-8859-1"%>
<html>
    <head>
        <title>MyJsp.jsp.</title>
    </head>
    <body>
        <H1><center><%="Hello World"%><br></center></H1>
    </body>
</html>
```

从上面代码中可以看出 JSP 是在 HTML 页面中嵌入脚本代码来组织的。其中第一句是 JSP 的 page 指令（JSP 指令将在随后详细讲解），说明当前 JSP 中脚本所采用的语言是 Java（目前也只能是 Java）；所导入的 Java 包是 java.util 包；页面的编码方式是“ISO-8859-1”。

```
<%@page language='java' import="java.util.*"  pageEncoding="ISO-8859-1"%>
```

在 body 部分可以看到标记对 <%...%>，这个标记对就代表 JSP 中的 Java 脚本。这里含义是将字符串 Hello World 输出：

```
<%='Hello World'%>
```

当客户端浏览器对上述 JSP 页面发请求后，Web 服务器就收这个请求，将所请求的 JSP 页面编译成 Servlet 类然后执行，将产生的 HTML 结果返回给客户机浏览器显示。编译后的 Servlet 如示例代码 5-3 所示。

示例代码 5-3 编译后的 Servlet

```
 response.setContentType("text/html");
printWriter out=response.getWriter();
 out.println("<html>");
 out.println("<head>");
 out.println("<title> My JSP "MyJsp.jsp” starting page</title>");
 out.println("</head>");
 out.println("<body>");
 out.println("<h1><center>Hello World</center></h1>");
 out.println("</body>");
 out.println("</html>");
```

5.4 Web 服务器

Jakarta Tomcat 服务器是在 SUN 公司出品的优秀的开源 Web 服务器，Tomcat 是 Jakarta 项目中的一个重要的子项目，其被 JavaWorld 杂志的编辑选为 2001 年度最具创新的 Java 产品，同时它又是 SUN 公司官方推荐的 Servlet 和 JSP 容器，因此其受到越来越多的软件公司和开发人员的喜爱。Servlet 和 JSP 的最新规范都可以在 Tomcat 的新版本中得到实现。其次，Tomcat 是完全免费的软件，任何人都可以从互联网上自由的下载。

建立 B/S 的核心是创建“Web 应用”。Web 应用是一个基于 Web 的程序集合，能够使客户端通过发送 HTTP 请求来访问它。更简单的理解：一个 Web 应用就是一个网站。而在物理上，一个 Web 应用体现为 Tomcat 目录中 webapps 文件夹下的子文件夹。webapps 文件夹是专门用于放置 Web 应用，在它的根目录中每一个 Web 应用就体现为一个文件夹。比如：有一个 Web 应用名称为 demo，它在 Tomcat 目录中就体现为在 webapps 文件夹中的 demo 文件夹，而 HTTP 地址默认就为 http://localhost/demo，Tomcat 目录结构如图 5-5 所示。

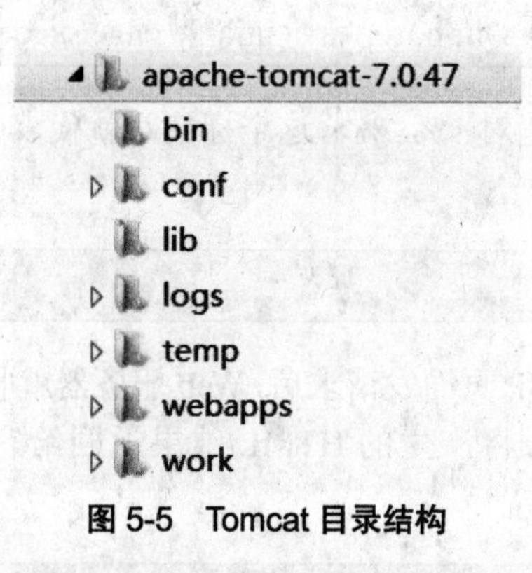

图 5-5 Tomcat 目录结构

图中，

- bin：存放启动和关闭 Tomcat 脚本；
- conf：存放不同的配置文件（server.xml 和 web.xml）；
- lib：存放 Tomcat 运行需要的库文件（JARS）；
- logs：存放 Tomcat 执行时的 LOG 文件；
- temp：存放 Tomcat 运行的临时文件；
- webapps：Tomcat 的主要 Web 发布目录（包括应用程序示例）；
- work：存放 JSP 编译后产生的 class 文件。

在 Tomcat 中还包含一个非常重要的配置文件，可以通过这个配置文件来设置 Tomcat。该配置文件是放置在 <CATALINA_HOME>/CONF 文件夹下面的 server.xml，它的主要结构如示例代码 5-4 所示。

示例代码 5-4　server.xml

```
<Server>
        <Service>
            <Connector/>
                <Host>
                    <Context>
                    </Context>
                </Host>
            </Engine>
        </Service>
</Server>
```

其中我们所关注的是：

（1）<Connector/> 元素

```
<Connector port="8080" acceptCount="100" connectionTimeout="20000"/>
```

- port：指定服务器端要创建的端口号，并在这个端口监听来自客户端的请求。默认是 8080。响应的 HTTP 请求就应为：http://localhost:8080/demo。
- acceptCount：指定当所有可以使用的处理请求的线程数都被使用时，可以放到处理队列中的请求数，超过这个数的请求将不予处理。
- connectionTimeout：指定超时的时间数（以毫秒为单位）。

（2）<Context> 元素，它代表了运行在虚拟主机上的单个 Web 应用。

```
<Context path="/demo" docBase="e:/jsp" debug="0" reloadable="true"></Context>
```

- docBase：应用程序的路径或者是 WAR 文件存放的路径。
- path：表示此 Web 应用程序的 URL 的前缀，这样请求的 URL 为：http://localhost:8080/path/****。
- reloadable：这个属性非常重要，如果为 true，则 Tomcat 会自动检测应用程序的 /WEB-INF/lib 和 /WEB-INF/classes 目录的变化，自动装载新的应用程序，我们可以在不重启 Tomcat 的情况下改变应用程序样例程序。

5.5 Tomcat 样例程序

Tomcat 软件可以从 http://tomcat.apache.org/ 网站免费下载。进入网站后选择好版本和平台(图 5-6)就可以下载了。下载结束后就得到了一个可执行文件,然后根据提示安装就可以了。但是要注意在安装前,要确保已经安装好了 JDK。

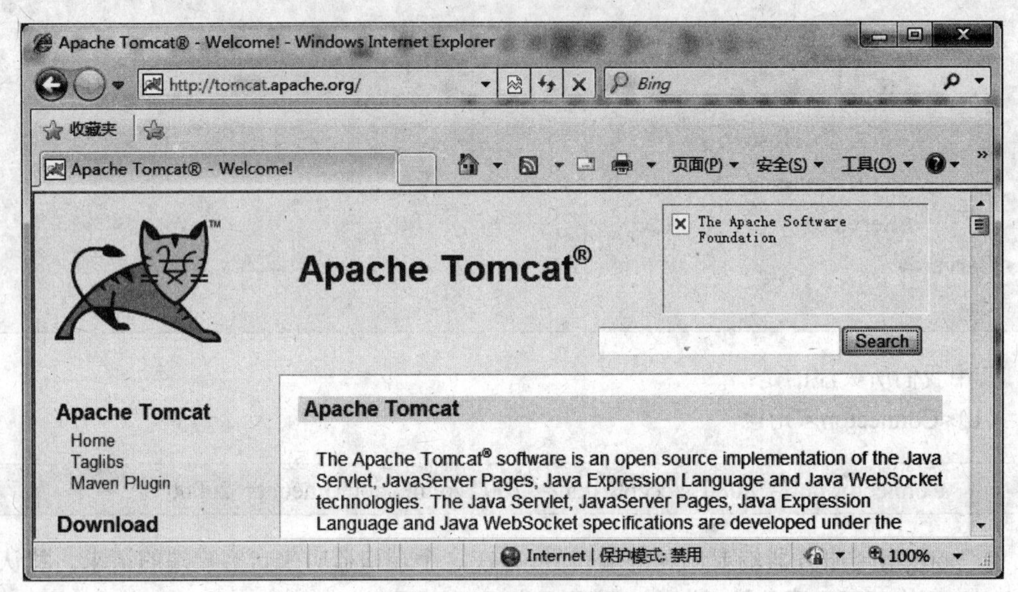

图 5-6 Tomcat 下载页

当成功安装完成后,会发现 Tomcat 会成为本机上的一个服务,以后可以在管理工具→服务器中启动它。成功启动 Web 服务后,打开 IE 浏览器,在地址栏输入 HTTP://localhost:8080,通过默认的 8080 通信端口发出 HTTP 请求,来测试 Tomcat Web 服务器是否成功安装。如果成功安装,则在 IE 中将出现下述的欢迎画面如图 5-7、图 5-8 所示。

Tomcat 软件中还包含了一个重要的内容,就是它的样例程序。在 Tomcat 的欢迎页面的中有着这样一个超链接。

图 5-8 中 Examples 部分的超链接是 Tomcat 提供的示例代码,图 5-9 中第二个超链接就是所要研究的 JSP。当点击进入时,将看到一系列的示例代码:如 JSP2.0、自定义标记和 JSP1.2。

Home Documentation Configuration Examples Wiki Mailing Lists Find Help

Apache Tomcat/7.0.70

The Apache Software Foundation
http://www.apache.org/

If you're seeing this, you've successfully installed Tomcat. Congratulations!

Recommended Reading:

Security Considerations HOW-TO
Manager Application HOW-TO
Clustering/Session Replication HOW-TO

Server Status
Manager App
Host Manager

Developer Quick Start

Tomcat Setup
First Web Application
Realms & AAA
JDBC DataSources
Examples
Servlet Specifications
Tomcat Versions

Managing Tomcat

For security, access to the manager webapp is restricted. Users are defined in:

$CATALINA_HOME/conf/tomcat-users.xml

In Tomcat 7.0 access to the manager application is split between different users. Read more...

Release Notes
Changelog
Migration Guide
Security Notices

Documentation

Tomcat 7.0 Documentation
Tomcat 7.0 Configuration
Tomcat Wiki

Find additional important configuration information in:

$CATALINA_HOME/RUNNING.txt

Developers may be interested in:

Tomcat 7.0 Bug Database
Tomcat 7.0 JavaDocs
Tomcat 7.0 SVN Repository

Getting Help

FAQ and Mailing Lists

The following mailing lists are available:

tomcat-announce
Important announcements, releases, security vulnerability notifications. (Low volume).

tomcat-users
User support and discussion

taglibs-user
User support and discussion for Apache Taglibs

tomcat-dev
Development mailing list, including commit messages

Other Downloads	Other Documentation	Get Involved	Miscellaneous	Apache Software Foundation
Tomcat Connectors	Tomcat Connectors	Overview	Contact	Who We Are
Tomcat Native	mod_jk Documentation	SVN Repositories	Legal	Heritage
Taglibs	Tomcat Native	Mailing Lists	Sponsorship	Apache Home
Deployer	Deployer	Wiki	Thanks	Resources

Copyright ©1999-2016 Apache Software Foundation. All Rights Reserved

图 5-7 Tomcat 欢迎界面

Developer Quick Start

Tomcat Setup
First Web Application
Realms & AAA
JDBC DataSources
Examples
Servlet Specifications
Tomcat Versions

图 5-8 Tomcat 欢迎界面链接

Apache Tomcat Examples

- Servlets examples
- JSP Examples
- WebSocket (JSR356) Examples
- WebSocket Examples using the deprecated Apache Tomcat proprietary API

图 5-9 tomcat Example

5.6 部署 JSP 文件

编写好 JSP 后必须将其部署到 Web 服务器上，并修改服务器相应的配置文件才能正常使用。对于 Tomcat 而言，在其上部署 JSP 相对来说非常简单，只要在它安装目录中建立一个"Web 应用"，然后将编写好的 JSP 拷贝进去就好了。

就拿刚才看到的实例代码为例，我们先在 Tomcat 的安装目录中的 webapps 目录中建立一个文件夹 ProTest 图 5-10)，然后将编写好的 JSP 文件 MyJsp.jsp 拷贝到 ProTest 文件夹中，这个 Web 应用就部署成功了，如图 5-10 所示。重新启动 Tomcat 服务，就可以响应 Web 请求了。

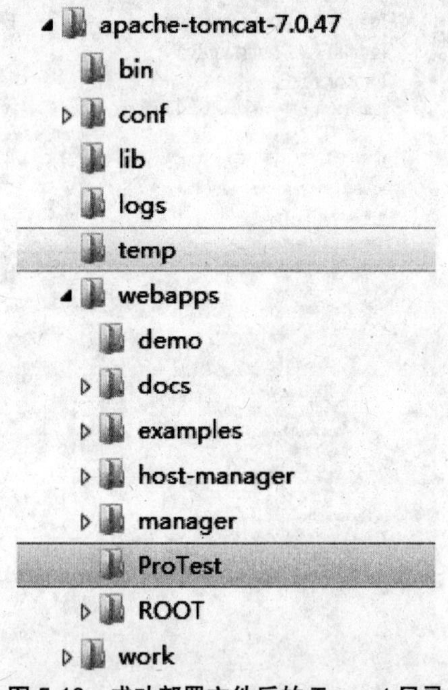

图 5-10 成功部署文件后的 Tomcat 目录

为了验证部署是否成功，我们在 IE 地址栏中键入 http://localhost:8080/ProTest/MyJsp.jsp，得到如图 5-11 的结果就说明部署成功。

图 5-11　运行效果

如果尝试访问 MyJsp.jsp 时出错，有可能是安装未能适当的设置所需环境来编译 JSP 页面。使用某些版本的 Windows 安装程序时就可能出现这种情况。要想修正这个问题，先把 Tomcat 服务停止。接下来，需要把 tool.jar 文件从 <JDK 安装目录 >/lib 目录中复制到 <tomcat 安装目录 > /lib 目录下。复制完成后，再重新启动 Tomcat 服务，此时 MyJsp.jsp 就可以正常显示了。

5.7　小结

✓ C/S（Client/Server）结构，即大家熟知的客户机和服务器结构。它是软件系统结构，通过它可以充分利用两端硬件环境的优势，将任务合理分配到 Client 端和 Server 端来实现，降低了系统的通讯开销。

✓ B/S（Browser/Server，浏览器 / 服务器）结构，是随着 Internet 技术的兴起，对 C/S 结构的一种变化或者改进的结构。在这种结构下，用户界面完全通过 WWW 浏览器实现，一部分事务逻辑在前端实现，但是主要事务逻辑在服务器端实现。

✓ Tomcat 是 Jakarta 项目中的一个重要的子项目，是 SUN 公司官方推荐的 Servlet 和 JSP 容器（具体可以见 http://java.sun.com/products/jsp/tomcat/），因此其越来越多的受到软件公司和开发人员的喜爱。Servlet 和 JSP 的最新规范都可以在 Tomcat 的新版本中得到实现。

5.8　作业

创建一个显示“welcome”的 JSP 页面，然后部署到 Tomcat 中。

5.9 思考题

如果想以 http://localhost:8080/ 来访问开发的 Web 应用，应该将应用放在 Tomcat 文件夹中的什么位置？

5.10 学员回顾内容

1.B/S 体系结构。

2.Web 服务器处理 JSP 的流程。

第 6 章　JSP（一）

学习目标

✧ 了解 JSP 页面的基本构成。
✧ 理解 JSP 各部分的定义方式。
✧ 掌握 JSP 的 page 和 include 指令。

课前准备

理解 B/S 开发模式，熟悉 HTML、XML 语言。

本章简介

如今世界上许多流行的 Web 网站都使用了 JSP 技术。利用 JSP 技术可以灵活、动态地创建 Web 页面。例如，在一个网上社区中，可以使用 JSP 技术来创建高度个性化的页面，社区成员相关的信息。再看一个例子，网上商店可以使用 JSP 动态创建一个结账表单，表单中包括顾客购物车里的商品。只要设计人员想得到，JSP 就能做得到。

6.1　剖析一个 JSP 页面

图 6-1 显示了一个基础的 JSP 页面，其中标注 3 所有可见的元素构成一个 JSP 页面的可见元素可以包括以下内容：

- 指令元素（directive element）；
- 模板数据（template data）；
- 动作（action）；
- 脚本元素（scripting element）。

一个 JSP 页面中不一定包含以上所有元素，不过在复杂程度较高的项目中，会看到以上内容。下面简单介绍这些内容。

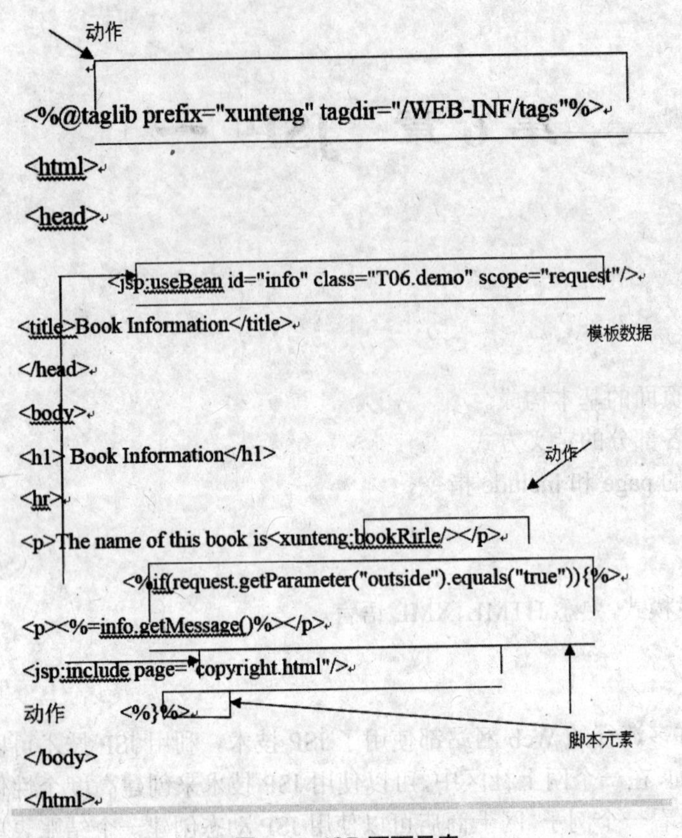

图 6-1 JSP 页面元素

6.2 脚本元素

在 JSP 页面的 HTML 中嵌入了 Java 的代码，这部分代码被称为脚本（scripting）。脚本元素是 JSP 页面中的内嵌代码，通常用 Java 编程语言编写。有三种不同类型的脚本：

- 声明（declaration）；
- 表达式（expression）；
- 代码段（scriptlet）。

6.2.1 声明

声明脚本元素（declaration scripting element）用于在 JSP 页面中插入方法、常量和变量的声明。

（1）声明变量语法

```
<%!Declaration1,declaration2,…;>
```

XML 兼容语法格式如下：

```
<jsp:declaration>…Java 声明放在这里…</jsp:declaration>
```

例如：声明变量和对象如下：

```
<%! int i=0; %>// 声明单个变量
<%! int a,b,c;%>// 同时声明多个变量，变量用逗号分隔
<%! Integer obj=new Integer(10)%;>// 声明对象
```

它的 XML 兼容语法形式为：

```
<jsp:declaration>int i=10;</jsp:declaration>
```

（2）声明常量语法

```
<%! final 类型 = 值 ; %>
```

由于声明的是常量，所以必须在声明的同时初始化。如果不初始化，在编译时系统不会报错，但运行时会发生异常。它的 XML 兼容语法格式如下：

```
<jsp:declaration>final 类型 = 值 ;</jsp:declaration>
```

例如：声明一个字符串常量如下：

```
<%! final String NAME="zengcobra";%>
```

它的 XML 兼容语法形式为：

```
<jsp:declaration>final String NAME="zengbra";</jsp:declaration>
```

（3）声明函数

```
<% private 返回类型 函数名 ( 参数列表 ){
函数体 ;
}
%>
```

在这里函数一般都声明为 private，因为页面内声明的函数仅在本页面中有效，其他页面是无法访问的。声明的 XML 语法形式如下：

```
<jsp:declaration>private 返回类型 函数名 ( 参数列表 ){
    函数体 ;
}
</jsp:declaration>
```

例如：声明的 XML 语法形式如下：

```
<%!private String sayHello(){
        return "Hello,welcome to xt-in";
}%>
```

它的 XML 兼容语法形式为：

```
<jsp:declaration>private String sayHello(){
        return"Hello,welcome to xt-in";
}
</jsp:declaration>
```

声明脚本元素中声明的常量、变量和方法可以在 JSP 页面中由其他脚本元素、表达式或 JSP 动作使用。例如：声明脚本元素：

```
<%out.println(NAME);%>
<%=i%>
<%=sayHello()%>
```

一个 JSP 页面中可以有多个声明脚本元素。JSP 容器在处理此页面时会把这些声明脚本元素合并为一个。

6.2.2 表达式

表达式脚本元素是一个内嵌 Java 表达式，这个表达式经过运算执行会得到一个结果字符串。所得到的字符串将会被放置在 JSP 的输出中，作为 JSP 结果页面的一部分显示在客户浏览器中。所以我们可以利用表达式来输出内容。它的语法格式如下：

```
<%= 表达式 %>
```

注意：表达式后无代表语句结束的分号。

例如：可以用下面的表达式脚本元素把一些数据值显示到一个表中的一行内，利用表达式显示数值如示例代码 6-1 所示。

示例代码 6-1　利用表达式显示数值

```
<%@page language="java" import="java.util.*" pageEncoding="GBK"%>
  <jsp:declaration>
      public String sayHello1(){
          return "Hello,welcome to wish";
  }
  public String sayHello2(){
```

```
        return " 欢迎来到迅腾 !";
    }
    </jsp:declaration>
  <html>
    <head>
        <title>My JSP  "JSP2.jsp"  starting page</title>
    </head>
    <body>
      <table border="1">
          <tr><th> 语言 </th><th> 欢迎词 </th></tr>
          <tr><td>English</td><td><%=sayHello1()%></td></tr>
          <tr><td> 中文 </td><td><%=sayHello2()%></td></tr>
      </table>
    </body>
  </html>
```

在代码中我们声明了两个函数：sayHello1() 和 sayHello2()，然后利用表达式调用这两个方法并返回字符串，输出到指定的表格单元格中。

表达式脚本元素有以下几个性质：

- 表达式脚本元素都用 <%=……%> 标记。
- 表达式脚本元素中包含有 Java 编程语言编写的表达式，它可以是一个变量、一个字段或者是一个方法调用的结果。
- 其输出会嵌入 HTML 中。

6.2.3　代码段

通过使用代码段（scriptlet），可以在 JSP 中包含完整的 Java 代码。这些元素与声明和表达式有三点区别：

- 代码段并不仅限于方法、变量和常量的声明。
- 代码段不能直接生成字符串输出。
- 代码段中每条 Java 语句之间用分号分隔。

如果需要在一个 scriptlet 脚本元素中生成输出，可以使用隐式对象 out。out 隐式对象的类型为 javax.Servlet.jsp.JspWriter, 这是 java.io.Writer 的一个子类，java.io.Writer 的所有方法都是可用的。例如，下面的 scriptlet 脚本元素可以显示函数调用的结果。

```
<%out.print(sayHello());%>
```

代码段最大的作用在于控制 JSP 页面的内部程序流程，比如页面显示逻辑控制：

```
<table>
    <% if(username= =null){%>
        <tr><th> 普通用户 </th><th> 书籍 </th></tr>
    <%}else{%>
        <tr><th>VIP 用户 </th><th> 书籍 </th></tr>
    <%}%>
</table>
```

上述代码根据 username 的值，通过 if 语句来实现条件不同时不同内容的显示。代码段和 HTML 脚本混合在一起，控制页面的显示。这种方式较为繁琐的一点是代码段中花括号 {} 的配对，因为是混合方式，所以编写时很容易遗漏掉花括号或花括号没有匹配。有一个小窍门可以解决：将非代码段都屏蔽掉，这时就只剩下 Java 语句了，然后再来观察花括号是否匹配。例如上述代码就可以转化成如下：

```
<% if(username= =null){%>
……
<%}else{%>
……
<%}%>
```

这样就可以轻易地判断是否匹配了。

6.3 JSP 指令

要使用 JSP 创建一个基于 Web 的应用而不用 JSP 指令，几乎是不可能的。不过，JSP 指令并不生成代码。它们不是 JSP 代码中逻辑的一部分。相反，JSP 指令只是为容器提供指导和指示，告诉容器如何完成 JSP 处理。

6.3.1 指令基础

在 JSP 中存在一种类似于 HTML 标记对的特殊标记，这种标记是 JSP 指定好的作为特殊功能使用的，如设定页面的语言等。这种标记被称为 JSP 指令。指令形式为：

```
<%@ 指令名 属性 1= 值 属性 2= 值 %>
```

指令类似于 HTML 标记，从上面的格式中可以看出指令可以具备一些属性。而 @ 符号和指令名之间的空格以及最后一个属性与结束 %> 标记之间的空格是可选的。为了支持日益红火的 XML 技术，在 JSP2.0 中定义了指令的另一种形式：XML 兼容形式，使得 JSP 指令也可以书写得像 XML 标记对，加大了 JSP 的 XML 兼容度。它的 XML 兼容形式如下：

```
<jsp:directive. 指令名 属性 .…./>
```

JSP 指令向容器提供指示,告诉容器如何处理 JSP,而容器是在什么阶段根据 JSP 指令来处理 JSP,这就需要我们熟悉 JSP 后台的处理过程。

第一阶段,JSP 页面转换为 Java 源代码,就是被翻译成 Servlet 类的源文件。这称为翻译阶段(translation phase)。

第二阶段,Java 源代码编译为可执行的字节码,就是将前一个阶段的 Servlet 源文件编译成字节码。这称为编译阶段(compilation phase)。

第三阶段,当 Web 服务器接收到请求后,实际上就是要执行前面编译得到的字节码。要有容器负责把请求传递给已编译二进制字节码来执行。当执行已编译的 JSP 二进制码时,它会处理到来的请求。这个阶段称为请求处理阶段(request phase)。

一旦翻译和编译完成,就能重用 JSP 二进制码来处理每一个到来的请求。这就不必为每一个请求都完成翻译和编译阶段。不过如果 JSP 做出修改,容器会发现这个修改,并重新翻译和重新编译页面。

6.3.2 page 指令

page 指令用于设置当前 JSP 页面的属性,从容器的角度来说,每个 JSP 页面都是一个单独的翻译单元(translation unit)。同一个 Web 应用中的各个 JSP 页面可以有自己的 page 指令,这就能够使各个翻译单元分别有一组不同的指示。这些指示是使用 page 指令的属性指定的。对于这些属性而言,不一定都需要设置,如果没有设置,则使用其默认值。

page 指令的基本格式:

```
<%@page 属性 1= 值……%>
```

XML 兼容形式:

```
<jsp:directive.page 属性 1= 值……/>
```

page 指令参数如下:

- language:JSP 的脚本语言,目前只能是 Java。
- extends:容器会将 JSP 翻译为一个 Servlet,该属性用于指定该 Servlet 的基类。
- import:导入当前 JSP 页面所要用的类库,多个类用逗号分隔。容器把此 JSP 翻译成 Java 源代码时,这个属性的值会翻译成多个 import 声明。
- session:指明当前页面是否创建或维持一个 HTTP 会话(后面会学到)。
- isELIgnored:指明当前页面中的 EL 表达式。
- buffer:指明隐式对象 out 所用的输出缓冲区的大小,默认为 8KB。
- autoFlush:设置为 true(默认)时,在输出缓冲区满时自动进行刷新;如果为 false,满时则会抛出异常。
- errorPage:当前页面出现错误时,将跳转到 errorPage 属性指定的错误处理页面。
- contentType:告知 JSP 容器当前页面返回给用户时的 HTTP 头部,即 MIME 类型。默认类型为：text/html，将 JSP 运行后产生的结果文档设定成 HTML 的格式。还可以选择 text/xml 或者 text/doc 等；利用另一个属性分成员 charset 子属性指定编码字符集，如要是网页显示中文则可对该子属性赋“GBK”或“gb2313”，但这个分成员已经被 pageEncoding 取代掉了。

- pageEncoding：指定当前页面的字符格式，默认为 ISO-8859-1。

例如：

```
<%@page import="java.util.*,java.lang.* "%>
<%@page buffer="5KB" autoFlush="false"%>
<%@page errorPage="error.jsp"%>
<%@page contentType="text/html'charset=GBK"%>
<jsp:directive.page language="java"import="java.util.* "pageEncoding="gb2312"/>
```

第一个 page 指令导入了 java.util 包和 java.lang 包；第二个 page 指令设定当前的缓冲区大小为 5KB，并且需要手动刷新缓冲区；第三个 page 指令设定当前 JSP 页面出错后跳转到的 JSP 页面为 error.jsp；第四个 page 指令设定页面类型为 text/html，字符集为 GBK；第五个是 page 指令的 XML 形式。

6.3.3 include 指令

在网站设计时，我们想要网站中所有的页面在相同位置处都包含相同的一段代码，比如产品销售排行、广告、版权所有等，如果将代码单纯的在每个页面都重写一次，非常麻烦，后期的维护也很麻烦。所以比较好的解决方法是，将这部分代码独立出来做成一个文件，然后用 include 嵌入到每个页面中，以后在创建新页面时只要包含下面的语句：

```
<%@include file=" 被包含的页面 "%>
```

XML 兼容形式：

```
<jsp :directive.include file= " 被包含的页面 "%>
```

这个指令告诉容器，要在翻译阶段把其他文件的内容与当前 JSP 合并。并要明确一点，合并所包含文件的动作是在翻译时发生的，而不是在请求时发生的。这说明：

- 首先合并包含文件和被包含文件，然后将合并后整个输出作为一个单元得到翻译。
- 如果所包含的文件有所改动，容器是无法知道的，只能重新翻译整个单元。

例如：电子商城型的网站中通常都有这样的结构，最上面是登录界面，接着是广告条，然后是产品列表。登陆界面、广告条在所有的页面中包含，这样的页面我们可以采用 include 包含来完成。

首先是第一个被包含的页面 login.jsp，提供登录界面，并且在该页面的最下方显示广告。用户登录界面如示例代码 6-2 所示。

示例代码 6-2　用户登录界面

```
<%@ page language="java" import="java.util.*" pageEncoding="gb2312"%>
<html>
  <head>
    <title>login.jsp</title>
  </head>
  <body>
   <table bordre="0">
   <tr align="center">
   <td>
   <form action="show.jsp" method="post">
   用户名 <input type="text" name="username">
   密码 <input type="password" name="password">
   </form></td></tr>
   <tr><td>
   <img src="images/login.jsp" align="center"></td></tr>
   </table>
  </body>
</html>
```

然后是另一个被包含页面，采用网格的形式完成商品列表的显示。为了简化代码，我们没有读取数据库中的内容。商品列表页面如示例代码 6-3 所示。

示例代码 6-3　商品列表页面

```
<%@ page language="java" import="java.util.*,han.*" pageEncoding="gb2312"%>
<html>
  <head>
     <title> 产品目录 </title>
  </head>
  <body>
    <table border="1" width="80%" bordercolor="green "align="center">
    <caption>
       产品目录
    </caption>
    <tr align="center">
       <th> 产品图片 </th>
       <th> 产品单价 </th>

   <th> 折后价 </th>
```

```
        <th> 购买 </th>
        </tr>
    <tr align="center">
        <td><img src="1.jpg" width="40" height"="80"></td>
        <td><font color="red"><strike>100.00</strike></font></td>
        <td>80</td>
        <td>
            <form action="CookiesDemo" method="get">
                <input type="hidden" name="pid" value="k001">
                <input type="submit" value=" 购买 ">
            </form>
        </td>
    </tr>
    <tr align="center">
        <td><img src="2.jpg" width="40" height="80"></td>
        <td><font color="red"><strike>200.00</strike></font></td>
        <td>180</td>
        <td>
            <form action="CookiesDemo" method="get">
                <input type="hidden" name="pid" value="k002">
                <input type="submit" value=" 购买 ">
            </form>
        </td>
    </tr>
    <tr align="center">
        <td><img src="3.jpg" width="40" height="80"></td>
        <td><font color="red"><strike>130.00</strike></font></td>
        <td>100</td>
        <td>
            <form action="CookiesDemo" method="get">
                <input type="hidden" name="pid" value="k003">
                <input type="submit" value=" 购买 ">
            </form>
        </td>
    </tr>
    <tr align="center">
        <td><img src="4.jpg" width="40" height="80"></td>
       <td><font color="red"><strike>100.00</strike></font></td>
```

```
            <td>80</td>
            <td>
                <form action="CookiesDemo" method="get">
                    <input type="hidden" name="pid" value="k004">
                    <input type="submit" value=" 购买 ">
                </form>
            </td>
        </tr>
        <tr align="center">
            <td><img src="5.jpg" width="40" height="80"></td>
            <td><font color="red"><strike>170.00</strike></font></td>
            <td>150</td>
            <td>
                <form action="CookiesDemo" method="get">
                    <input type="hidden" name="pid" value="k005">
                    <input type="submit" value=" 购买 ">
                </form>
            </td>
        </tr>
        </table>
    </body>
</html>
```

最后是主页面，完全兼容 XML 语法，采用 include 指令包含上述的两个页面。主界面代码如示例代码 6-4 所示。程序运行结果如图 6-2 所示。

示例代码 6-4　main.jsp

```
<%@ page language="java" import="java.util.*" pageEncoding="gb2312"%>
<html>
 <head>
  <title> 产品演示 </title>
 </head>
 <body>
  <table>
   <tr>
    <td><jsp:include flush="true" page="login.jsp"></jsp:include></td>
   </tr>
   <tr>
    <td><jsp:include flush="true" page="product_detail.jsp"></jsp:include></td>
```

```
    </tr>
   </table>
  </body>
</html>
```

图 6-2　运行结果

要注意，在某些版本的 Eclipse 编辑器中，如果被包含页面中存在中文字符，则必须在页面头部包含 page 指令，用 pageEncoding 属性指明当前被包含页面支持中文，否则编辑器会告知页面中出现不符合 ISO-8859-1 编码的字符，不允许保存页面文件。如图 6-3 所示。

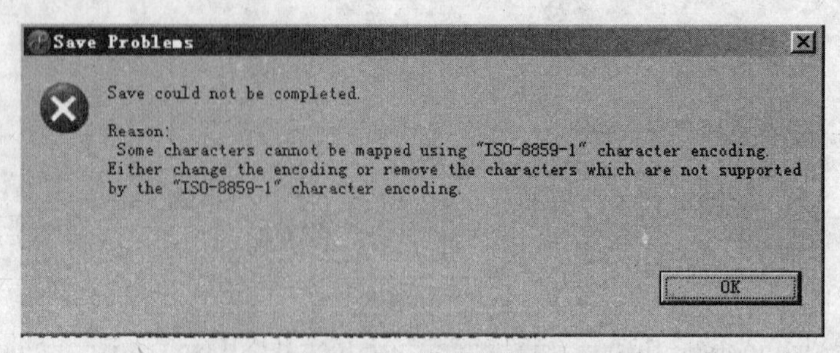

图 6-3　错误信息

6.4　实例

我们在上一个例子的基础上加入数据访问部分，形成一个功能完善的页面。该模块暂时只提供一个产品列表的功能，即用户发出网站请求，网站将商品列表显示出来。结构如图6-4所示。

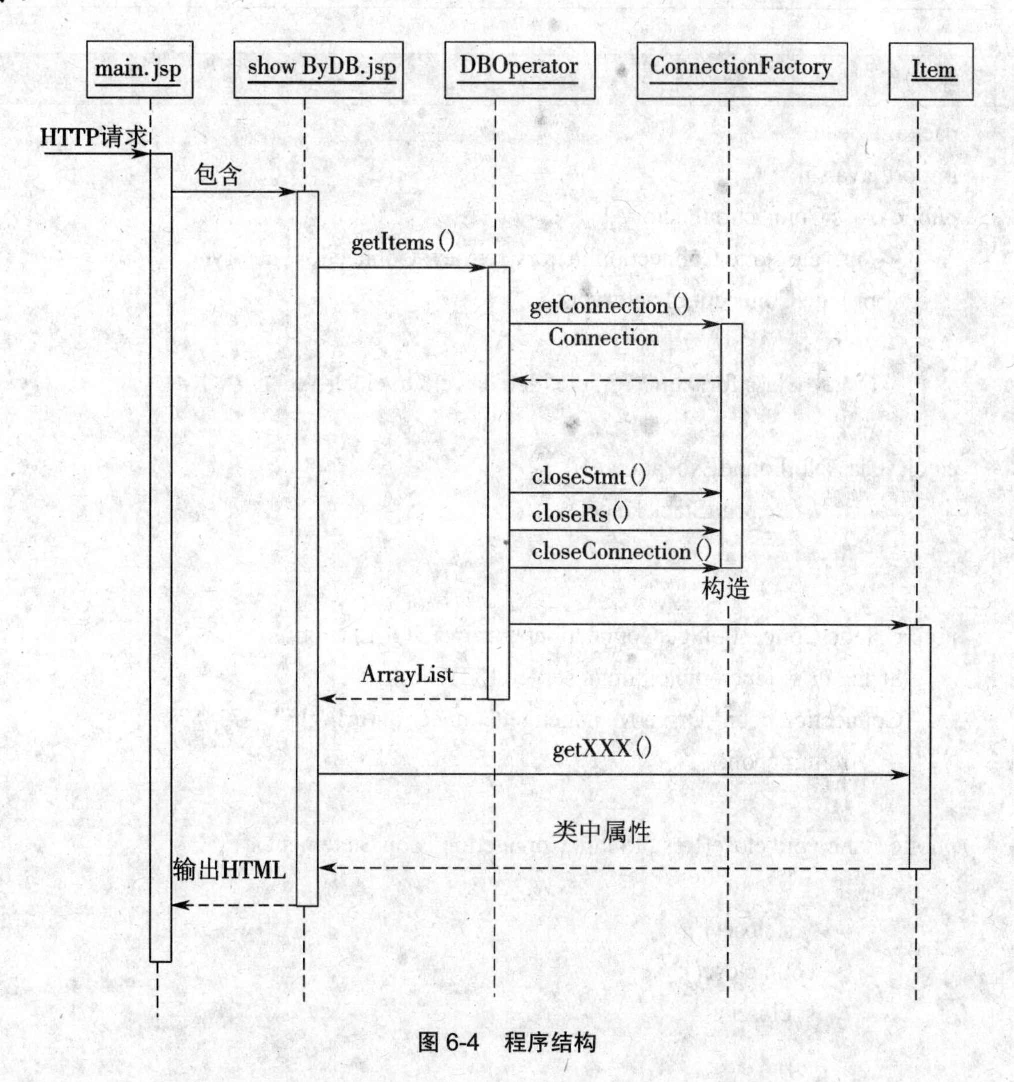

图6-4　程序结构

(1)建立数据库表Item，来描述产品演示业务当中需要记录保存的产品数据。如表6-1所示。

(2)建立数据库连接工厂类，负责处理数据库的连接。可直接使用我们在前面章节中创建的ConnectionFactory类。采用thin驱动来完成数据连接，并且提供连接、语句、记录集的关闭方法。数据库连接工厂类如示例代码6-5所示。

表 6-1　产品信息表

字段名	类型	描述
pid	varchar2	产品编号
pname	varchar2	产品名称
price	number	产品原始价格
pricebyoff	number	产品折扣后价格
photo	varchar	产品图片

示例代码 6-5　数据库连接工厂类

```
package bean;
import java.sql.*;
public class ConnectionFactory {
        private static ConnectionFactory re=new ConnectionFactory();
       private ConnectionFactory(){
          try {
               Class.forName("oracle.jdbc.driver.OracleDriver");
          }
catch (ClassNotFoundException e) {
                   e.printStackTrace();
          }
}
public static Connection getConnection() throws SQLException{
     String url="jdbc:oracle:thin:@server:1521:student";
     Connection coon=DriverManager.getConnection(url,"zltj","7758521");
          return coon;
}
public static void close(ResultSet rs,Connection coon,Statement st){
       try {
               rs.close();
              coon.close();
              st.close();
       }
catch (SQLException e) {
e.printStackTrace();
       }
}
}
```

（3）创建 JavaBean 类用来完成对数据库 Item 表中元素的映射，表中的每个字段都对应类中的一个属性，并且对类中的每个属性提供与之对应的 set()/get() 方法，方便操纵。JavaBean 类如示例代码 6-6 所示。

示例代码 6-6　JavaBean 类

```
package javabean;
public class Item{
String pid= "";
String pname= "";
String photo= "";
double price=0.0;
double priceoff=0.0;
public Item(String pid, String pname, String photo, double price, double priceoff)
{
   pid= pid;
pname= pname;
 photo= photo;
price= price;
priceoff= priceoff;
}
public String getPhoto() {
      return photo;
}
public void setPhoto(String photo) {
      this.photo = photo;
}
public String getPid() {
      return pid;
}
public void setPid(String pid) {
      this.pid = pid;
}
public String getPname() {
      return pname;
}
public void setPname(String pname) {
      this.pname = pname;
}
```

```
public double getPrice() {
      return price;
}
public void setPrice(double price) {
      this.price = price;
}
public double getPriceoff() {
      return priceoff;
}
public void setPriceoff(double priceoff) {
      this.priceoff = priceoff;
}
}
```

（4）创建数据库访问类，封装数据库访问方法。根据现有的业务要求，要在网页上显示产品信息，而这些产品信息目前都保存在数据库当中。即我们只需要提供一个方法将数据库中所有的产品读取出来，存放在一个容器中就可以了。数据库访问类如示例代码 6-7 所示。

示例代码 6-7　数据库访问类

```
Package DB;
import java.sql.*;
import java.util.*;
public class Dboperator{
      Connection con=null;
public Dboperator (){
        con=ConnectionFactory.getConnection();
}
public ArrayList getItems(){
      ArrayList list=null;
      Item  item=null;
      try {
         Statement st=con.createStatement();
          String sql="SELECT * FROM ITEMS";
          ResultSet rt=st.executeQuery(sql);
          while(rt.next()){
            item.setPid(rt.getString(1));
            item.setPname(rt.getString(2));
            item.setPhoto(rt.getString(3));
```

```
                item.setPrice(rt.getDouble(4));
                item.setPriceoff(rt.getDouble(5));
                list.add(item);
            }
        }
    catch (SQLException e) {
            e.printStackTrace();
        }
        return list;
    }
    }
```

Dboperator 类是这个例子中的数据库访问类，提供了一个数据库访问方法 getItems()。将数据库中所有记录都读取了出来，再将每一条记录都封装成 Item 类的对象。最后是将这些代表记录的对象添加到 ArrayList 集合中返回，即函数返回的集合中包含所有需要的数据。代码最后一段包含了一个 main() 主函数，用于测试数据访问方法是否正确。

（5）创建 JSP 页面产品页面，将所有产品以表格的方式显示。产品目录页面如示例代码 6-8 所示。

示例代码 6-8　产品目录页面

```
<%@ page language="java" import="java.util.*,han.*" pageEncoding="GB2312"%>
<html>
  <head>
    <title> 产品目录 </title>
  </head>
  <body>
    <table border="1" width="80%" bordercolor="green" align="center">
        <caption> 产品目录 </caption>
        <tr align="center">
        <th> 产品图片 </th>
        <th> 产品单价 </th>
        <th> 折后价 </th>
        <th> 购买 </th>
        </tr>
    <%
        Item item;
        ArrayList list=Dboperator.getItems();
        Iterator it=list.iterator();
```

```
            while(it.hasNext()){
                item=(Item)it.next();
        %>
        <tr align="center">
            <td><img src="<%=item.getPhoto() %>" width="40" height="80"></td>
            <td><%=item.getPname()%></td>
            <td><font color="red"><strike><%=item.getPrice() %></strike></font></td>
            <td><%=item.getPriceByOff() %></td>
            <td>
                <form action="CookiesDemo" method="get">
                    <input type="hidden" name="pid" value=<%=item.getPid() %>>
                    <input type="submit" value=" 购买 ">
                </form>
            </td>
        </tr>
        <%}%>
        </table>
    </body>
</html>
```

上述代码分为两个部分，一个是静态的 HTML 框架，用于搭建一个表格。另一部分是 JSP 的脚本元素。

首先通过 JSP 的 page 指令指明了页面所采用的编码方式，所需要导入的类。然后在脚本中声明出 ArrayList 的对象，通过 Dboperator 类的 getItems() 方法得到的数据。

接着，获得集合访问器 Iterator 的对象 it，利用 it 来遍历集合。由于集合中包含的元素数目很有可能是多条，故用 while 循环来遍历数据库。在循环体内的语句代表了 HTML 表格中的一行，先获得了集合中的单个元素，即一个产品；然后利用 JSP 表达式将每个产品的信息显示出来。

最后还是 main.jsp 主页面，包含上述页面。主页面如示例代码 6-9 所示。

示例代码 6-9　主页面

```
<%@ page language="java" import="java.util.*" pageEncoding="GB2312"%>
<html>
  <head>
    <title> 产品目录 </title>
  </head>
  <body>
   <table>
```

```
        <tr>
            <td><jsp:include flush="true" page="login.jsp"></jsp:include></td>
        </tr>
        <tr>
            <td><jsp:include flush="true" page="lianJie.jsp"></jsp:include></td>
        </tr>
      </table>
    </body>
  </html>
```

最后的页面效果和前面看到的图 6-2 是一致的。

6.5　小结

✓ 通过本章我们学习了 JSP 页面可能出现的成分，其中的脚本元素和 JSP 指令是我们学习的重点。

✓ 脚本元素中我们区分出了三种脚本：声明、表达式、代码段。学习了 page 指令和 include 指令，并且也学习指令的 XML 兼容形式。

✓ 最后我们编写了一个产品目录的例子，利用所学习过的内容来创建可作为电子商城产品列表的 JSP 页面。

6.6　英语角

directive	指令
template	模板
element	元素
script	脚本
declaration	声明
encoding	编码

6.7 作业

1.JSP 脚本元素中，哪些是需要分号作为语句结束的？哪些不需要？

2.JSP 指令中，page 的哪个指令是可以重复出现的？

6.8 思考题

1.JSP 脚本元素中有单独声明的部分，而脚本元素也可以声明变量，两者有什么不同？

2.JSP 指令当中为什么要包含 XML 兼容指令？

6.9 学员回顾内容

1. 脚本元素的类型以及各自的作用。

2.JSP 指令的类型以及各自的作用。

第 7 章　JSP（二）

学习目标

✧ 了解内置对象。
✧ 理解 out、request、response 原理。
✧ 掌握 out、request、reponse 的用法。

课前准备

熟悉 B/S 结构，熟悉 JSP 的组成。

本章简介

在本章中，我们将学习部分 JSP 的内置对象，了解 JSP 脚本中代表页面输出的 out 对象、代表请求的 request 对象，初步了解客户端是如何传递数据到 Web 服务器的，在代码中如何读取出这些信息。初步了解并运用代表响应的 response 对象。

7.1　内置对象

JSP 的内置对象在 JSP 页面中无须声明就可以直接使用，这些内置对象包括 request、response、session、application、out、config、pageContext。

● request

request 对象代表客户端的请求，通过它可以获得客户端提交的数据，如表单中的数据网页地址后带有参数等。

● response

response 对象代表 Web 向服务器的响应。

● session

session 可以保持在服务器与一个客户端之间需要保留的数据，当用户关闭网站所有网页时，session 变量会自动清除。

● application

在 Web 服务器开始提供 Web 服务时，即 Web 服务第一次访问 application 对象就会被创建，一直保持到服务器关闭为止。所以 application 对象可以用来提供一些全局数据、对象。

- out

out 对象实际上是使用 PrintWrite 类向客户端浏览器输出数据。

- config

config 是 JSP 配置处理程序的句柄，在 JSP 页面范围内有效

- pageContext

pageContext 用来管理属于 JSP 中特殊可见部分中已命名对象的访问。

7.2 out 对象

out 对象用来在 JSP 页面上打印文本，等效于直接在 JSP 页面中写入文本。out 对象的原型是 javax.Servlet.jsp.PrintWrite，因为它继承了 java.io.PrintWrite，所以使用时，可以和使用 System.out 对象一样。out 对象输出到页面上内容都会被转化成文本，如果 out 对象输出包含 HTML 标记元素，这些标记将会被浏览器正确解释，等效于直接在设计页面时输入 HTML 文本。但是使用 out 对象就可以通过一定的条件选择输出不同的文本或者不输出。out 对象的使用如示例代码 7-1 所示。

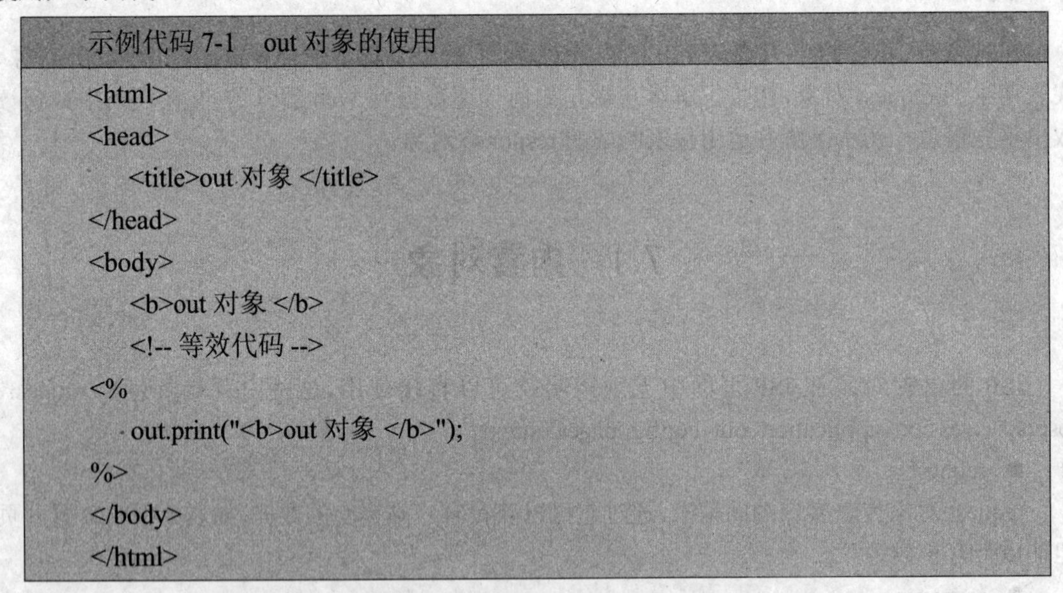

示例代码 7-1　out 对象的使用

```
<html>
<head>
    <title>out 对象 </title>
</head>
<body>
    <b>out 对象 </b>
    <!-- 等效代码 -->
<%
    out.print("<b>out 对象 </b>");
%>
</body>
</html>
```

程序运行结果图如图 7-1 所示。

图 7-1　运行结果

out 对象输出的 HTML 文本和其在 JSP 页面中的位置有关，因为 out 输出的文本会被作为 HTML 文本在浏览器中显示，所以在输出一些特殊符号时，使用的是 HTML 的特殊符号约定，而不是 Java 的特殊符号约定，但是，因为 out 对象是 Java 对象，所以在输出特殊符号时，首先要符合 Java 的规则。例如在 Java 中要输出字符“<”或“>”，可以直接在字符串中写入字符“<”或“>”，不需要转移处理。但是，在 HTML 语言中“<”和“>”表示元素的标记，所以不能直接输出，需要转换。HTML 中“<”符号的转义符号为“<”，“>”符号的转义符号为“>”。转义符号的使用如示例代码 7-2 所示。

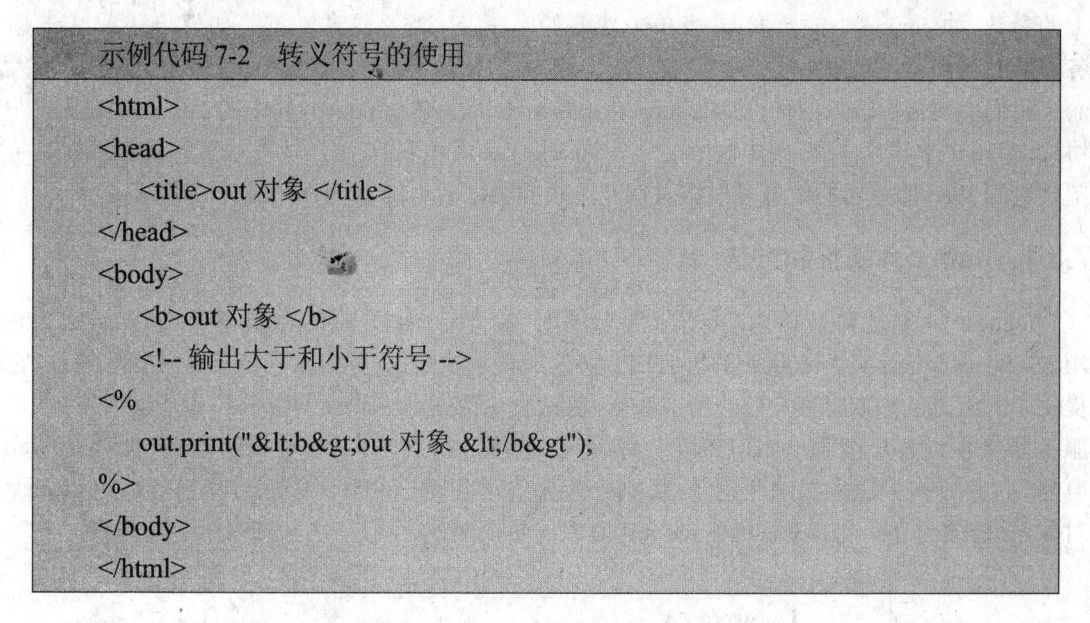

示例代码 7-2　转义符号的使用

```
<html>
<head>
    <title>out 对象 </title>
</head>
<body>
    <b>out 对象 </b>
    <!-- 输出大于和小于符号 -->
<%
    out.print("&lt;b&gt;out 对象 &lt;/b&gt");
%>
</body>
</html>
```

程序运行结果如图 7-2 所示。

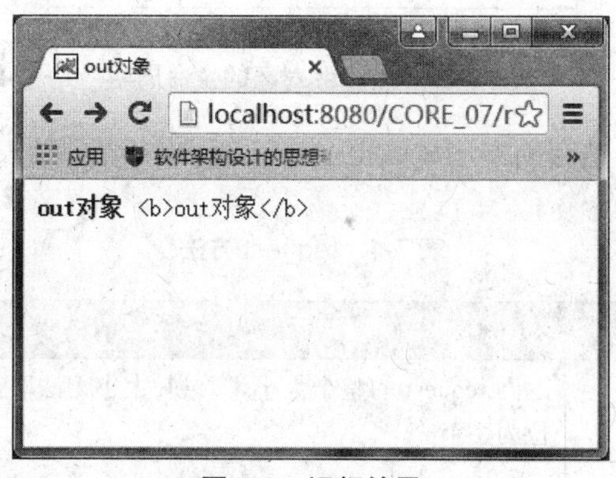

图 7-2　运行结果

注意：HTML 规范中有很多的特殊符号转义写法，一般为 &XXX 的形式。

7.3 request 对象

在用户向 Web 服务器发出请求的过程中或多或少都会传递参数，一种是显式的，比如用户注册时填写的用户名、密码、Email 地址，另一种是隐式的，客户端浏览器自动传递到服务器上的参数，如 cookie 中的数据、在表单中隐藏的字段等。那么这些数据是如何传递到 Web 服务器端的呢？

我们上网需要输入网址，比如：http://localhost:8080/t07/demo.jsp，其中的 http 指的是 HTTP 协议，即超文本传输协议，该传输协议分为首部 get 和主体 post，用户填写的信息或者程序员希望传送回 Web 服务器的信息可根据 HTTP 请求的类型的不同，分别存放在首部或者主体。

7.3.1 request 属性和方法

request 对象是封装所有客户端请求的对象。request 对象的原型是 javax.Servlet.http.HttpServletRequest 类。request 解析 HTTP 协议的请求帧数据，并将所有请求封装到对象中，它提供了一组方法来取得客户端的请求数据，包括表单数据。request 对象的生命周期非常短，当服务器接收到客户端发出 HTTP 请求后，将创建 request 对象，并解析请求数据，保存在 Web 容器（内存）中，当服务器响应请求，将响应数据发送到客户端后， Web 容器自动清除 request 对象，并释放内存。图 7-3 显示了 request 对象的生命周期。

图 7-3 request 对象的生命周期

request 对象提供了一整套的方法来取得 HTTP 请求的数据，如表 7-1 所示。

表 7-1 request 方法

方法	说明
request.getContentLength()	返回 request 的整个大小，如果其大小无法取得，那么返回 -1，返回值单位为字节
request.getContentType()	取得客户端请求的 MIME 类型，MIME 类型主要有 text/html，表示请求一个文本的 HTML 页面
request.getContextPath()	取得客户端请求的路径，对于 JSP 来说，一般是当前 Web 应用程序的根目录
getAttribute(java.langString)	取得保存在 request 中指定的属性值，如果该属性不存在，则返回 null。后面的方法主要是为了获取服务器端的信息

续表

方法	说明
getServerName()	这里的服务器名称不是指运行 Web 应用程序的服务器，而是指客户端请求的服务器名，两者一般是一样的，但如果采用了 DNS 转发处理后，一般不一样
getServerPort()	取得服务器提供服务的端口号
getRemoteHost()	取得客户端主机名，在网上一般没有计算机名，只有 IP 地址，所以一般返回客户端的 IP 地址
getRemoteAddr()	取得客户端的 IP 地址
getContextPath()	取得客户端请求的路径，对于 JSP 来说，一般是当前 Web 应用程序的根目录
getRequestURI()	取得请求的 URI 信息
getRequestURL()	取得请求的 URL 信息

request 方法如示例代码 7-3 所示。

示例代码 7-3　request 方法

```
<%@ page language="java" contentType="text/html; charset=UTF-8"%>
<html>
<head>
<meta http-equiv="Connect-Type"content="text/html,charset=UTF-8"/>
<title>request 示例 </title>
</head>
<body>
<%out.println(" 请求长度 :"+request.getContentLength()); %><br>
<%out.println(" 请求 MIME 类型 :"+request.getContentType()); %><br>
<%out.println(" 请求服务器名 : "+request.getServerName());%><br>
<%out.println(" 请求端口号 :"+request.getRemotePort()); %><br>
<%out.println(" 请求主机名 :"+request.getRemoteHost()); %><br>
<%out.println(" 客户端 IP:"+request.getRemoteAddr()); %><br>
<%out.println(" 请求路径 :"+request.getContextPath()); %><br>
<%out.println(" 请求 URI:"+request.getRequestURI()); %><br>
<%out.println(" 请求 URL:"+request.getRequestURL()); %><br>
</body>
</html>
```

程序运行结果如图 7-4 所示。

图 7-4 运行结果

7.3.2 request 与表单

表单是网页上的 form 元素所包含的 input 元素控件，这些控件中的数据在表单提交时会被送到服务器，而服务器接收表单数据的对象就是 request 对象。request 对象将表单请求看作参数，如果将请求的 URL 看作是一个方法名，那么表单数据可以看作是参数值，表单名称可以看作是参数名。request 方法如示例代码 7-4 所示。

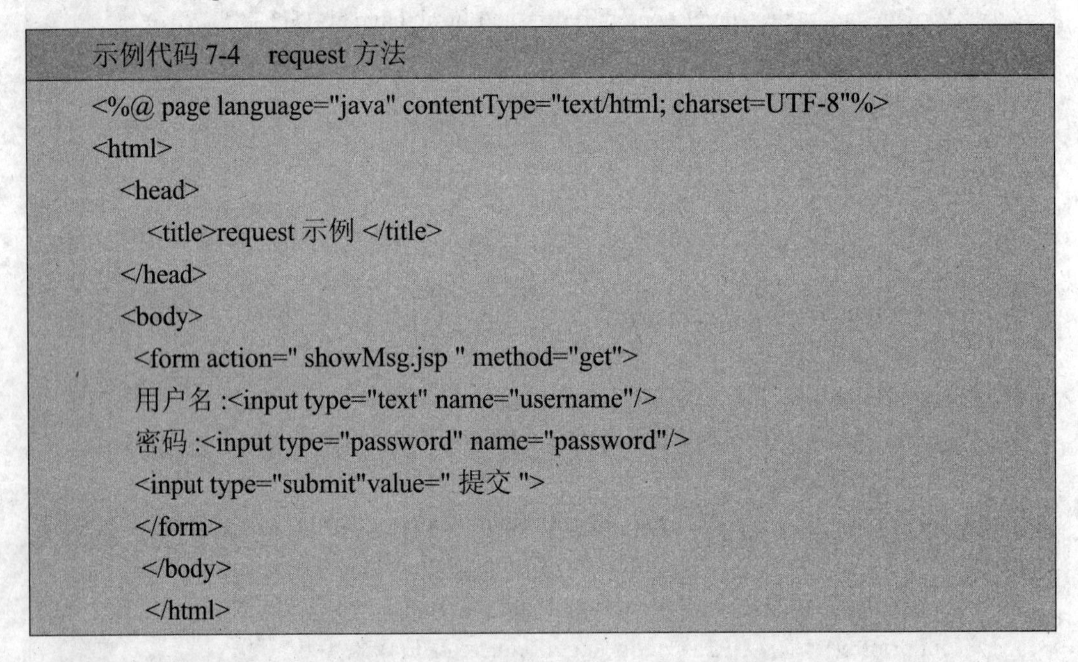

示例代码 7-4 request 方法

```
<%@ page language="java" contentType="text/html; charset=UTF-8"%>
<html>
  <head>
    <title>request 示例 </title>
  </head>
  <body>
   <form action=" showMsg.jsp " method="get">
   用户名 :<input type="text" name="username"/>
   密码 :<input type="password" name="password"/>
   <input type="submit"value=" 提交 ">
   </form>
    </body>
    </html>
```

程序运行结果如图 7-5 所示。

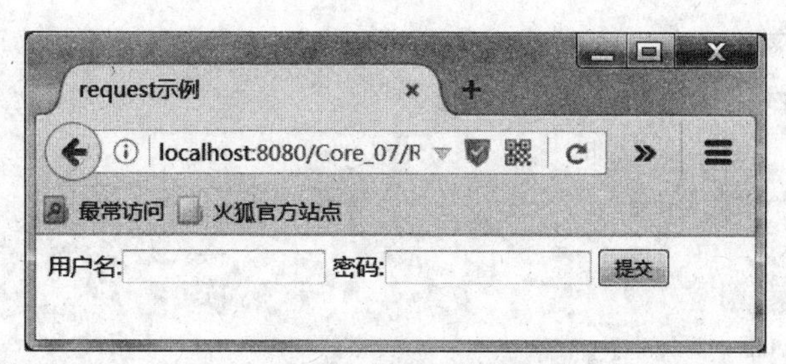

图 7-5　运行结果

上面代码中 form 元素的 action 值表示，当表单提交时，将表单数据发送到 showMsg.jsp 来处理，其中表单中有一个文本框用来输入用户名，一个密码框用来输入密码，一个提交按钮用于提交表单。当点击“提交”按钮时，浏览器会生成一个 URL 请求，格式如 http://localhost.8088/T07/request01.jsp?/username=XXXX&password=YYYY 的形式。其中：http://localhost.8088/T07 是 Web 应用本身的 URL 路径，showMsg.jsp 是 form 元素的 action 属性的值，代表对这个表单进行处理的服务器端页面的地址。“?”表示后面的是参数，username 和 password 表示表单元素名，即 input 元素的 name 属性，而 XXXX 和 YYYY 分别表示用户在网页浏览器中 username 控件和 password 控件里填写的值。这些值与控件的名字组成“名称\值”对，随着 HTTP 请求传递到 Web 服务器。

request 对象在处理这个 URL 请求时，会将 username 和 password 作为两个参数来处理，XXXX 和 YYYY 作为参数的值来处理，所以 request 对象在处理表单数据时类似于方法处理参数，不同的是表单处理的参数个数是动态的，而所有的表单数据（除了 file 控件）request 对象都将它看作是文本数据，即便如单选控件（radio）和复选控件（checkbox）的值也看作是文本。

综上所述，在本例中的页面上提交和直接在浏览器中输入如上的 URL 的效果是等价的。那么 request 是如何封装表单数据的呢？request 将客户端请求的表单参数，采用一个 Map 对象来保存。Map 是一个 key-value 的结构，用来处理参数—参数值的数据。request 对象提供了一组方法专门用于处理表单数据。

（1）getMethod()

取得客户端的请求方法，根据传递请求的不同，得到 get 或 post。

（2）getParameter(java.lang.String)

取得客户端提交的“名称 / 值”对中的值，方法需要一个参数，就是表单参数的参数名，即“名称 / 值”对中的名称。例如，取得 username 参数的值，可以使用 getParameter("username")。如果没有实际的参数与之对应返回 null。

（3）request.getQueryString()

取得查询字符串，得到客户端请求中的查询字符串。所谓查询字符串就是 URL 中“?”之后的文本。获得表单数据如示例代码 7-5 所示。

示例代码 7-5　获得表单数据（showMsg.jsp）

```
<%@ page language="java" contentType="text/html; charset=UTF-8"%>
<html>
```

```
    <head>
        <title> showMsg.jsp </title>
    </head>
    <body>
    <%
        // 取参数值
        out.print(" 用户名 :"+request.getParameter("username")+"<br/>");
        out.print(" 密码 :"+request.getParameter("password")+"<br/>");
        // 取参数名
        out.print(" 参数名 :");
        Enumeration paramerNames=request.getParameterNames();
        while(paramerNames.hasMoreElements()){
            out.print(paramerNames.nextElement()+" ");
        }
    out.print("<br/>");
        // 取得客户端请求方法
        out.print(" 端请求方法 :"+request.getMethod()+"<br/>");
        // 取得查询字符串
        out.print(" 查询字符串 :"+request.getQueryString()+"<br/>");
        %>
    </body>
</html>
```

程序运行结果如图 7-6 所示。

图 7-6 运行结果

表单控件的 name 属性可以重名，例如复选框控件，一般就会有多个控件的 name 属性相同，request 对象将具有同名的参数—值数据，使用一个字符串数组来存储值，即一个参数可以有多个值。可以写成 parameterName[value1,value2……] 来表示。对于一个参数有多个值的情况下，不采用 getParameter() 方法，因为这个方法返回的是一个字符串，而不是字符串数组。所以 request 对象提供了另外一个方法：

```
request.getParameterValues(java.lang.String)
```

它以字符串数组的形式返回客户端传来的指定参数所包含的全部值。

提交信息页面如示例代码 7-6 所示。

示例代码 7-6 提交信息页面（mulitValue.jsp）

```
<%@ page language="java" import="java.util.*" pageEncoding="UTF-8"%>
<html>
  <head>
    <title>mulitValue</title>
  </head>
  <body>
  <form action="showMulitMsg.jsp"method="get">
  选择喜欢的产品 <br>
  <input type="checkbox" name="hobby" value=" 笔记本 "> 笔记本
  <input type="checkbox" name="hobby" value=" 手机 "> 手机
  <input type="checkbox" name="hobby" value="PDA">PDA
  <input type="checkbox" name="hobby" value="MP3">MP3
  <input type="submit" value=" 提交 ">
  </form>
  </body>
  </html>
```

程序运行结果如图 7-7 所示。

图 7-7 运行结果

选中“笔记本”“MP3”后，点击“提交”按钮，则跳转到后台处理页面。获得表单数据如示例代码 7-7 所示。

示例代码 7-7 获得表单数据（showMulitMsg.jsp）

```
<%@ page language="java" import="java.util.*" pageEncoding="UTF-8"%>
<html>
```

```
<head>
<title>showMulitMsg</title>
</head>
<body>
    <%
        // 捕获爱好为空时空指针异常
        try {
            String[] multiValues = request.getParameterValues("hobby");
    out.print(" 爱好：");
            for (int i = 0; i < multiValues.length; i++) {
                multiValues[i] = new String(multiValues[i].getBytes("ISO-8859-1"),
"UTF-8");
                out.print(multiValues[i] + " ");
            }
            out.print("<br/>");
        } catch (Exception e) {
            out.print(" 爱好为空 ");
        }
    %>
</body>
</html>
```

通过 request 对象的 getParameterValues(String) 方法获得多选按钮的值，该值会存放在一个字符数组中，然后通过循环遍历数组。其中

```
multiValues[i]=new String(multiValues[i].getBytes("ISO8859-1","GBK");
```

是采用指定编码的形式，将客户端传递过来的信息，强制转换成中文。如果不转换的话这部分信息将以问号形式显示。程序运行结果如图 7-8 所示。

图 7-8 运行结果

7.3.3　request 属性

request 对象可以处理表单数据之外，它还可以拥有自己的 key-value 属性值，其中 key 必须是字符串，而 value 可以是任意的 Java 对象实例。request 对象提供了几个方法来处理属性。这些方法在随后的页面间传递数据时非常有效。

（1）设置和增加属性

```
request.setAttribute(java.lang.String,java.lang.Object);
```

这个方法需要两个参数，第一个参数是 key，必须是字符串，第二个参数是任意 Java 对象，调用此方法时，如果在属性表中还没有 key 存在，那就增加一个属性，如果已经存在，那就更新值。

（2）取得属性值

```
request.getAttribute(java.lang.String);
```

这个方法可以取得指定属性名（key），如果不存在 key，那么返回 null。

（3）移除属性

```
request.removeAttribute(java.lang.String);
```

这个方法从属性列表中移除指定 key 的属性。

（4）取得属性表的 key 值

```
request.getAttributeNames();
```

这个方法以 Enumeration 对象的形式返回所有的 key 值。

request 对象属性操作如示例代码 7-8 所示。

示例代码 7-8　request 对象属性操作（requestSample.jsp）

```
<%@ page language="java" import="java.util.*" pageEncoding="UTF-8"%>
<html>
<head>
<meta http-equiv="Content-Type"content="text/html;charset=UTF-8"/>
<title>request 示例 </title>
</head>
<body>
<%
// 增加属性
request.setAttribute("attr1","sample");
request.setAttribute("attr2",new Integer(100));
// 显示属性值
out.print(" 属性值一 :"+request.getAttribute("attr1")+"<br/>");
```

```
out.print(" 属性值二 :"+request.getAttribute("attr2")+"<br/>");
// 显示属性名
out.print(" 属性名 :");
java.util.Enumeration attributeNames=request.getAttributeNames();
while(attributeNames.hasMoreElements()){
out.print(attributeNames.nextElement()+" ");
}
out.println("<br/>");
// 移除属性
request.removeAttribute("attr1");
request.removeAttribute("attr2");
%>
</body>
</html>
```

程序运行结果如图 7-9 所示。

图 7-9 运行结果

7.4 response 对象

response 对象是 JSP 中向客户端发送数据的，它的原型是 javax.Servlet.http.HttpServlet Response 类。response 对象和 request 对象的生命周期一样，在服务器响应客户端请求时创建，在服务器完成向客户端的响应后销毁。和 request 对象相反的是，response 是用于设置向客户端输出的数据信息。并且可以将客户请求转发到其他的 JSP 页面。

（1）设置发送到客户端的数据原型

```
response.setContentType(java.lang.String)
```

这个方法除了可以设置 MIME 类型，还可以设置发送到客户端的字符集，中文一般为

GBK 或 UTF-8。

（2）获得输出 out 对象

```
response.getPrintWriter()
```

这个方法返回的就是 out 对象。

response 属性和方法

response 对象和 request 对象一样，也可以有属性，使用方法和 request 对象完全相同，可以参考 request 属性。response 对象最重要的是转发功能，方法如下。

```
response.sendRedirect(java.lang.String)
```

这个方法需要一个参数，该参数就是要转发的 URL 字符串，可以是相对路径也可以是绝对路径。

例如：利用前面的登录页面，将表单中 action 属性改为下属页面。只有当用户名正确输入时才会跳转到正确页面，否则都跳回到登录页面。登录验证页面如示例代码 7-9 所示。

示例代码 7-9　登录验证页面

```
<%@ page language="java" contentType="text/html; charset=UTF-8"%>
<html>
  <head>
    <title>response 示例 </title>
  </head>
  <body>
   <%
String name=request.getParameter("username");
String pwd=request.getParameter("password");
if(name.equalsIgnoreCase("zengcobra"))
{ response.sendRedirect("hello.html");}
else
{
response.sendRedirect("login.html");
}
    %>
  </body>
</html>
```

程序运行结果如图 7-10 所示。

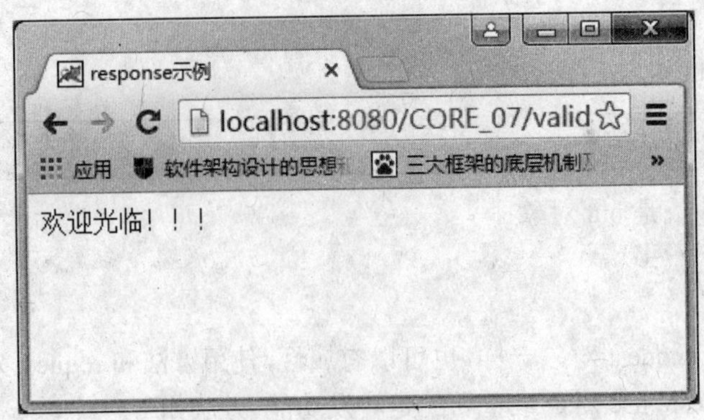

图 7-10 运行结果

注意：使用 response.sendRedirect() 方法转发是通过浏览器来转发的，即相当于两次请求。所以 request 和 response 对象中的数据都会丢失。

7.5 实例

结合上一章的示例我们来完善登录验证模块。

（1）首先要在数据库中添加一张客户信息表 Users，记录客户的登录名称、密码等信息。参见表 7-2。

表 7-2 客户信息表

字段名	类型	说明
Loginname	varchar2	登录名称
name	varchar	客户真实姓名
password	varchar2	登录密码
type	varchar2	客户类型

（2）给数据库访问类添加方法，验证用户名是否正确。访问数据库类如示例代码 7-10 所示。

示例代码 7-10 访问数据库类

```
package DB;
import java.sql.*;
import java.text.DecimalFormat;
import java.util.*;
import JavaBean.*;
public class DBoperator
```

```
{
    public static boolean checkName(String loginID)
    {
        Connection con=null;
        PreparedStatement ps=null;
        ResultSet set=null;
        boolean flag=false;
        try {
            con=ConnectionFactory.getConnection();
            String sql="SELECT * FROM USERS WHERE loginID=?";
            ps=con.prepareStatement(sql);
            ps.setString(1,loginID);
set=ps.executeQuery();
            if(set.next()==false)
            {
                flag=true;
            }
        } catch (SQLException e) {
            System.out.println(e.getMessage());
        }finally{
            ConnectionFactory.close(set);
            ConnectionFactory.close(ps);
            ConnectionFactory.close(con);
        }
        return flag;
    }
}
```

将用户名和密码传到 userValiate() 方法，验证用户名和密码是否匹配，如果匹配则返回 true，不匹配返回 false。

（3）创建登录界面，action 属性指定为 validateLogin.jsp，即登录后用户填写的信息由这个 JSP 页面来验证。登录界面如示例代码 7-11 所示。

示例代码 7-11　登录界面（userLogin.jsp）

```
<%@ page language="java" pageEncoding="GBK"%>
<html>
  <head>
  </head>
```

```
  <body>
    <form action="validateLogin.jsp" method="post">
      用户名 <input type="text" name="username" size="20">
      密码 <input type="password" name="userpassword">
      <input type="submit" value=" 提交 ">
      <a href="register.html"> 注册 </a>
    </form>
  </body>
</html>
```

（4）产品显示页面 showByDB.jsp 和上一章相同，不作修改。显示产品信息页面如示例代码 7-12 所示。

示例代码 7-12　显示产品信息页面

```
<%@ page language="java" import="java.util.*,han.*" pageEncoding="UTF-8"%>
<html>
  <head>
    <title> 产品目录 </title>
  </head>
  <body>
    <table border="1" width="80%" bordercolor="green" align="center">
        <caption> 产品目录 </caption>
        <tr align="center">
          <th> 产品图片 </th>
          <th> 产品单价 </th>
          <th> 折后价 </th>
          <th> 购买 </th>
        </tr>

    <%
        Item item;
        ArrayList list=Dboperator.getItems();
        Iterator it=list.iterator();
        while(it.hasNext()){
            item=(Item)it.next();
    %>
    <tr align="center">
```

```
            <td><img src="<%=item.getPhoto() %>" width="40" height="80"></td>
            <td><%=item.getPname()%></td>
            <td><font color="red"><strike><%=item.getPrice() %></strike></font></td>
            <td><%=item.getPriceByOff() %></td>
            <td>
                <form action="CookiesDemo" method="get">
                    <input type="hidden" name="pid" value=<%=item.getPid() %>>
                    <input type="submit" value=" 购买 ">
                </form>
            </td>
        </tr>
      <%}%>

        </table>
    </body>
</html>
```

（5）框架页面 main.jsp 基本和上一章一样，只是将第一个 include 的内容改成 customerLogin.html 就可以了。主页面如示例代码 7-13 所示。

示例代码 7-13　主页面

```
<%@ page language="java" pageEncoding="GBK"%>
<html>
    <head>
        <title> 产品演示 </title>
    </head>
    <body>
        <table>
<tr><td>
<jsp:directive.include file="customerLogin.html"/>
</td>
</tr>
<tr align="center"><td>
<jsp:directive.include file="showByDB.jsp"/>
</td>
</tr>
    </body>
</html>
```

程序运行结果如图 7-11 所示。

图 7-11　运行结果

（6）创建 valiateLogin.jsp 页面，验证用户名和密码，正确跳转到产品演示页面 main2.jsp，不正确则跳转到错误提示页面 loginError.html。这个页面纯粹作为页面间的控制，不会显示给客户端。登录验证页面如示例代码 7-14 所示。

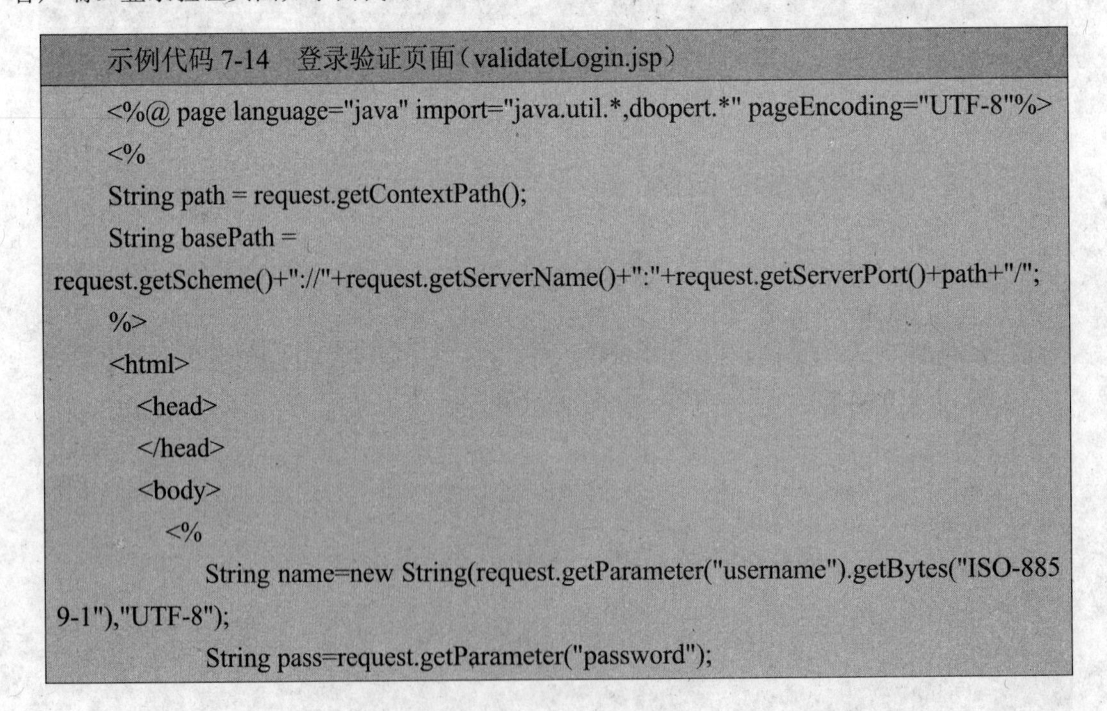

示例代码 7-14　登录验证页面（validateLogin.jsp）

```
<%@ page language="java" import="java.util.*,dbopert.*" pageEncoding="UTF-8"%>
<%
String path = request.getContextPath();
String basePath =
request.getScheme()+"://"+request.getServerName()+":"+request.getServerPort()+path+"/";
%>
<html>
  <head>
  </head>
  <body>
    <%
        String name=new String(request.getParameter("username").getBytes("ISO-885
9-1"),"UTF-8");
        String pass=request.getParameter("password");
```

```
            if(DBoperator.userValidate(name,pass)){
                response.sendRedirect("indext.jsp");
                session.setAttribute("username",name);
            }else{
                response.sendRedirect("loginError.html");
            }
        %>
    </body>
</html>
```

（7）创建 loginError.html 页面，该页面利用 <meta> 标签的功能，使其能够在 5 秒钟后自动跳到登录页面。登录错误页面如示例代码 7-15 所示。

示例代码 7-15　登录错误页面（loginError.html）

```
<html>
  <head>
    <title>loginError.html</title>
    <meta http-equiv="refresh" content="5;url=login.jsp">
    <!--<link rel="stylesheet" type="text/css" href="./styles.css">-->
  </head>
  <body>
    <center> 你输入的密码有错，5 秒钟后自动跳转 </center>
  </body>
</html>
```

程序运行结果如图 7-12、图 7-13 所示。

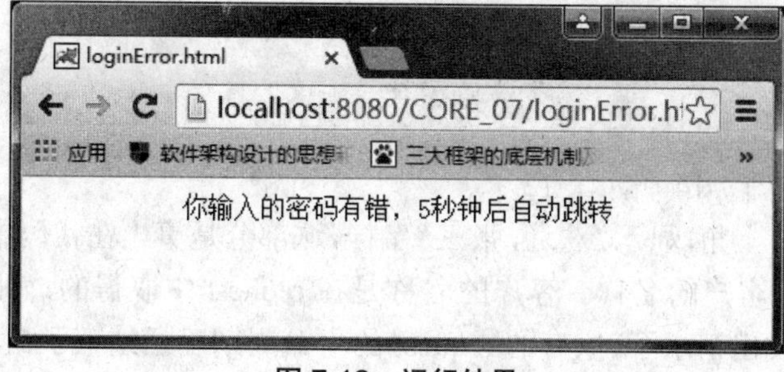

图 7-12　运行结果

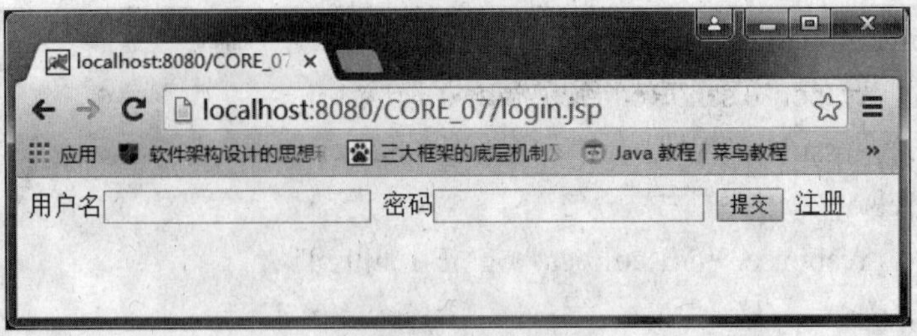

图 7-13　运行结果

（8）最后是成功登录之后显示的 main2.jsp。登录成功后显示页面如示例代码 7-16 所示。

示例代码 7-16　登录成功后显示页面

```
<%@ page language="java" pageEncoding="UTF-8"%>
<html>
    <head>
        <title> 产品演示 </title>
    </head>
    <body>
        <table>
<tr><td align="right"> 欢迎，张三 </td></tr>
<tr><td>
<img src="adv.jpg" width="1024" height="120" align="center">
</td>
</tr>
<tr align="center"><td>
<jsp:directive.include file="ShowByDB.jsp"/>
</td>
</tr>
    </body>
</html>
```

程序运行结果如图 7-14 所示。

注意图 7-14 中右上角，显示“欢迎，张三”字样，这部分是事先在代码中写好的，不能改变，而实际上应该显示该客户的名称。客户的名称是在 request 中取得的，而跳转到时，已经是第二次向 Web 服务器发出请求了，原有的 request 的生命周期已经结束了，客户名称信息已无法从现有的 request 中取得了。所以必须有一个机制可使信息在两个页面间共享。在下一章我们就会学习这一机制。

图 7-14　运行结果

7.6　小结

✓ 学习部分 JSP 的内置对象。

✓ 了解 JSP 脚本中代表页面输出的 out 对象。

✓ 学习代表请求的 request 对象。

✓ 了解客户端是如何传递数据到 Web 服务器的，我们在代码中是如何读取出这些信息的。

✓ 学习代表响应的 response 对象。

✓ 最后完善了上一章的示例，将登录验证部分的内容实现了。

7.7　作业

1. 创建表单收集客户的基本信息，然后存入数据库当中。

2. 利用 response 将上题中写入数据库的内容发回客户端。

7.8 思考题

1. 我们可以使用 <%...%> 脚本为什么还要利用 out 对象?
2. 在理论部分的示例代码 7-14 中是否存在代码重复,能不能将整个结构简化?

7.9 学员回顾内容

1.request 对象和 response 对象的基本功能。
2. 描述登录验证的框架。

第 8 章　JSP（三）

学习目标

✧ 理解 session、cookie、application、pageContext、config 原理。

✧ 掌握 session、cookie、application、pageContext、config 的用法。

课前准备

熟悉 B/S 结构，熟悉 JSP 的组成，熟悉请求 / 响应模式。

本章简介

在上一章我们发现了现有编程方式的弱点：由于每个 JSP 页面都是被编译的个体，导致信息无法在两个 JSP 页面间传递。但很多时候我们希望信息能够得到传递，比如在开发电子商务类型的网站时，我们必须在若干个产品页面之间将客户选择的商品记录下来，最后将这些信息传递到订单生成订单。这都需要提供信息的保存机制。

8.1　session 对象

什么是会话（session）？会话其实是指的就是访问者从到达某个特定网络到离开为止的那段时间。JSP 中使用 session 对象提供在这段时间内跟踪用户的方法。

8.1.1　session 对象基础

当用户第一次访问 Web 站点（向 Web 服务器发出第一个请求）时，Web 服务器就会为这个用户请求建立起一个 HttpSession 会话对象，并分配一个独一无二的 session ID 来标示，即每个用户都有各自的会话对象。会话对象被服务器用来跟踪、描述用户对整个网站的访问过程。当用户在较长的一段时间没有再次访问同一个 Web 站点时，或者用户关闭浏览器，Web 服务器就认为当前这个这个用户的会话对象已经到期，会自动释放掉该会话对象。服务器等待用户再次发出请求的时间间隔可以在服务器软件的配置文件中进行设置。

会话填补了 HTTP 协议的局限，HTTP 协议的工作就是一个连续的、无需连接的、离散的过程，在用户发送请求后，HTTP 服务器响应用户的请求，然后就断开连接。在 HTTP 协议中没有什么能够允许服务器来跟踪用户的请求。在服务器端完成响应用户请求后，服务器端不能持续与浏览器保持连接。从网站的观点看，每一个新的请求都是单独存在的，因此，HTTP 协议被认为是一个没有状态的协议，当用户在多个页面转换时，HTTP 服务器根本无法知道用户的身份。

会话概念的引入弥补了这个缺陷。利用会话，可以在一个用户在多个主页间切换时也能保存他的信息。session 对象是面向客户的，但是由于 HTTP 协议，不能保持连接状态，所以用户端也无法取得 session 对象的 ID，为了保证用户一次登录只产生一个 session 对象，所以必须保存用户 session 对象的 ID，这样，每当用户端发生请求时，将这个 sessionID 发送到服务器，服务器就根据 requset 对象中携带的 sessionID 来判断是否处于同一个会话周期。

下面是 requset 对象中与 session 对象相关的方法。

```
request.getRequestedSessionid()
```

取得发送给服务器的 sessionID，这个 sessionID 不一定是当前正在使用的有效的 sessionID，有可能是已经过期的 sessionID。

```
request.getSession(boolean)
```

取得 session 对象，这个方法可以返回一个 session 对象。需要一个参数，如果参数为 true，那么，当客户端的请求没有相对应的 session 对象，那就创建一个；如果为 false 则返回 null。

```
session.isNew()
```

判断是否是新建立的 session 对象，一般来说，所谓新建立的 session 是指以下情况：

- 客户端存储的 session 过期；
- 客户端未存储 sessionID。

例如，如果需要使用 session，那么只能使用 cookie，而客户端浏览器禁用了 cookie，那么用户每一次访问都会得到一个新建立的 session。获取 session 属性如示例代码 8-1 所示。

示例代码 8-1　获取 session 属性

```
<%@ page language="java" import="java.util.*" pageEncoding="GBK"%>
<html>
  <head>
    <title>session 示例 </title>
  </head>
  <body>
    <%
        out.println(" 新建："+session.isNew()+"<br/>");
        out.println("sessionID: :"+session.getId()+"<br/>");
        out.println("sessionID of request:"+request.getRequestedSessionId()+"<br/>");
        out.println(" 客户端 ID 有效："+request.isRequestedSessionIdValid()+"<br/>");
```

```
            out.println(" 客户端 ID cookie 有效："+request.isRequestedSessionIdFromCoo
kie()+"<br/>");
            out.println(" 客户端 ID URL 有效："+request.isRequestedSessionIdFromUrl());
        %>
    </body>
</html>
```

程序运行结果如图 8-1、图 8-2 和图 8-3 所示。

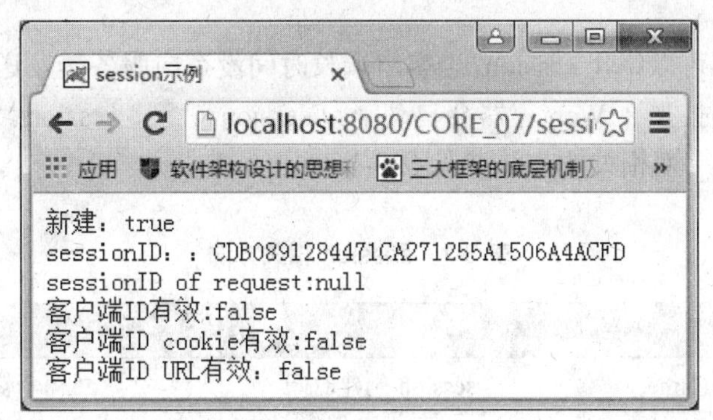

图 8-1　运行结果之一

图 8-2　运行结果之二

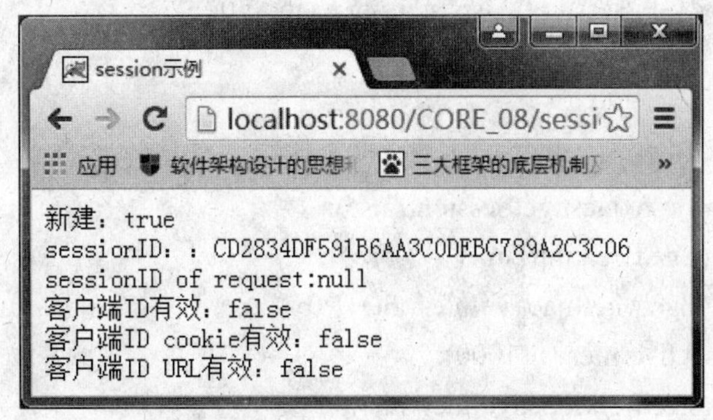

图 8-3　运行结果之三

图 8-1 是第一次访问，isNew() 返回的是 true，表明新生成的 session；图 8-2 是刷新后，没有创建出新的 session，继续使用原有的 session；图 8-3 是超时后，原有 session 被释放，重新创建了 session 对象。

8.1.2 session 的生命周期

从 session 的属性可以看出，session 对象是在客户端第一次发出请求时创建，在客户端关闭所有浏览器时失效。可以使用示例的页面反复运行几次，每次都先关闭浏览器后，在打开，可以看到每次重新打开后的 sessionID 是不同的。表示上次访问的 session 对此页面已经无效了。

除了关闭浏览器可以终止 session，当客户端长时间没有向服务器发送请求，当超过一定的时间后，就会发生超时，那么 Web 容器会自动销毁 session 对象。session 默认的超时时间是 30 分钟，与 session 生命周期相关的方法参见表 8-1。

表 8-1 session 相关方法

方法	定义	说明
session.getCreaTime()	session 创建时间	返回一个整数的时间值
session.getLastAccessedTimer()	最后一次访问时间	
session.setMaxInactiveInterval(int)	设置 session 失效时间	设置在用户最后一个请求发生多久以后，用户的 session 超时。参数为秒。注意，这个方法仅对本次对话有效
session.getMaxInactiveInterval()	获取 session 的失效时间	
session.invalidate()	强制当前 session 无效	

session 方法示例如示例代码 8-2 所示。

示例代码 8-2 session 方法示例

```
<%@ page language="java" import="java.util.*" pageEncoding="GBK"%>
<html>
  <head>
    <title>My JSP 'Session02.jsp' starting page</title>
  </head>
  <body>
   <%
   HttpSession s=request.getSession(false);
   out.println(s.getCreationTime()+"<br>");
   out.println(s.getMaxInactiveInterval()+"<br>");
   s.setMaxInactiveInterval(1000);
   out.println(s.getMaxInactiveInterval());
```

```
    %>
  </body>
</html>
```

运行结果如图 8-4 所示。

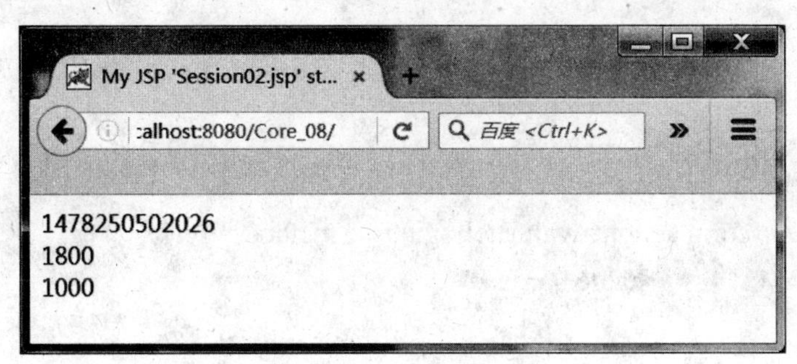

图 8-4　运行结果

8.1.3　session 信息维持

由于会话对象会贯穿用户访问 Web 站点的整个期间，而且为每个用户所独有，所以会话对象除了可以获得用户在 Web 站点浏览器的一些信息外，最主要还是利用它来临时存放一些中间变量，以在多页面之间共享数据，如在电子商务型网站中经常出现的购物车就可由会话对象实现。

HttpSession 提供 setAttribute() 方法在 session 中设置“名称 / 值”对：

```
public void setAttribute(String name,object value)
```

“名称 / 值”中的值在设置时必须为对象类型，假设所要保存的值是 int 类型的那么必须将其转变为 Intrger 类型的。

在其他页面中可以用 getAttribute() 方法从 session 中读取“名称 / 值”对：

```
public object getAttribute(String name)
```

从 session 中获取的“值”是 object 类型的，所以在使用前需要监护器转化成相应类型使用。

例　我们平时上网时，经常会有这种体会：我们完成登录以后，系统就记住了登录用户名，然后会将用户名在其他页面中显示出来。这一机制实际上就是：客户端填写的信息，被服务器端的 JSP 页面读取出来，然后再将信息写入 session，第二个页面从 session 中读取信息并将其显示在页面上。下面的代码就描述这个动作。

（1）login.html 用户登录页面，提交给 validateLogin.jsp 处理。用户登录页面如示例代码 8-3 所示。

示例代码 8-3 用户登录页面 login.html

```
<!DOCTYPE html>
<meta charset="UTF-8">
<html>
<head>
<title>login.html</title>
</head>
<body>
    <center>
            <form action="validateLogin.jsp" method="get">
                    <table border="1">
                            <caption> 用户登录 </caption>
                            <tr align="center">
                                    <td> 用户名:</td>
                                    <td><input type="text" name="username" size="20"></
td>
        </tr>
                            <tr align="center">
                                    <td> 密码:</td>
                                    <td><input  type="password"  name="password"
size="20"></td>
                            </tr>
                                    </table>
                    <input type="submit" value=" 确定 "> <input type="reset"
                            value=" 取消 ">
            </form>
    </center>
</body>
</html>
```

运行结果如图 8-5 所示。

图 8-5　运行结果

（2）validateLogin.jsp 登录验证页面，验证用户名和密码的正确性，如果正确将登录名写入 session，跳转到指定的页面。登录验证页面如示例代码 8-4 所示。

示例代码 8-4　validateLogin.jsp 登录验证页面

```
<%@page import="org.apache.catalina.Session"%>
<%@ page language="java" import="java.util.*,DB.*" pageEncoding="UTF-8"%>

  <%
  String name=request.getParameter("username");
   String pass=request.getParameter("password");
   if(DBoperator.userValidate(name,pass)){
       session.setAttribute("username",name);
       response.sendRedirect("Session03.jsp");
}
else
{
   response.sendRedirect("login.html");
}
%>
```

（3）Session03.jsp：从 session 中读取前一页面写入的信息，将其显示在页面上。Session03.jsp 如示例代码 8-5 所示。

示例代码 8-5　Session03.jsp

```
<%@ page language="java" contentType="text/html; charset=UTF-8"
    pageEncoding="UTF-8"%>
<!DOCTYPE html PUBLIC "-//W3C//DTD HTML 4.01 Transitional//EN" "http://
www.w3.org/TR/html4/loose.dtd">
<html>
```

```
    <head>
        <title>Session03.jsp</title>
    </head>
    <body>
<Center><H1> 欢迎光临 </H1><font color="red">
<%
        out.println(session.getAttribute("username "));
 %></font></Center>
    </body>
</html>
```

运行结果如图 8-6 所示。

图 8-6 运行结果

8.2 application 对象

application 对象用来在多个程序或者是多个用户之间共享数据，用户使用的所有 application 对象都是一样的，这与 session 对象不同。服务一旦启动，就会自动创建 application 对象，并一直保持下去，直至服务器关闭，application 才会消失。

application 对象内包含的系统信息可以使用以下几个方法取得：

（1）ServletAPI 的主版本信息

```
application.getMajorVersion()
```

（2）ServletAPI 的次版本信息

```
application.getMinorVersion()
```

（3）映射到一个得定次元的 URL

```
application.getResource(java.lang.String)
```

（4）取得实际路径

```
application.getRealpath(java.lang.String)
```

（5）属性功能

```
public void setAttribute(String name,object value)
public object getAttribute(String name)
```

（6）服务器信息

```
application.getServerInfo()
```

application 对象如示例代码 8-6 所示。

示例代码 8-6　application 对象

```
<%@ page language="java" import="java.util.*" pageEncoding="GBK"%>
<html>
  <head>
    <title>My JSP 'application.jsp' starting page</title>
</head>
  <body>
    <%
        out.println(" 主版本："+application.getMajorVersion()+"<br/>");
        out.println(" 次版本："+application.getMinorVersion()+"<br/>");
        out.println(" 服务器："+application.getServerInfo()+"<br/>");
        out.println("实际路径："+application.getRealPath("/pages/applicationSample1.
jsp")+"<br/>");
        out.println("资源路径："+application.getResource("/pages/applicationSample1.
jsp")+"<br/>");
     %>
   </body>
</html>
```

运行结果如图 8-7 所示。

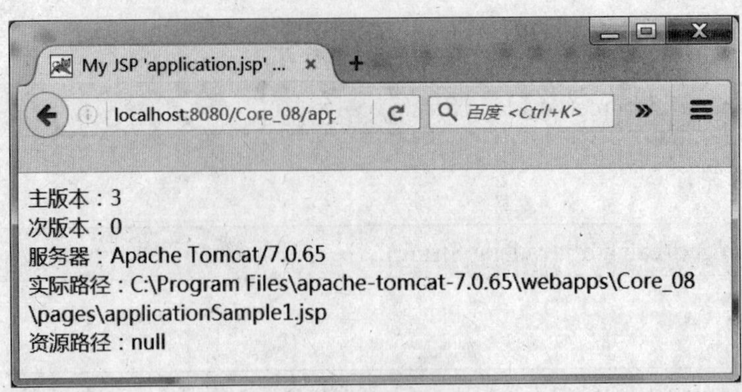

图 8-7 运行结果

8.3 pageContext 对象

pageContext 隐含对象对应于 javax.Servlet.jsp.PageContext 类，其他隐含对象都自动的被加入 pageContext 中，可以通过它来取得于 JSP 相关的其他隐含对象。这个对象只持续到当前请求的所有输出都显示，或者请求处理传递到另一个 JSP 页面时。

（1）取得 request 对象

```
pagetContext.getRequest()
```

（2）取得 response 对象

```
pageContext.getResponse()
```

（3）取得 application 对象

```
pageContext.getServletContext()
```

（4）取得 config 对象

```
pageContext.getServletConfig()
```

（5）取得 page 对象

```
pageContext.getPage()
```

（6）取得 out 对象

```
pageContext.getOut()
```

（7）取得 exception 对象

```
pageContext.getException()
```

（8）取得 session 对象

```
pageContext.getSession()
```

从上面可以看出，pageContext 对象其实就是封装了所有的上下文环境对象的一个类，可以通过 pageContext 对象取得所有的 JSP 其他隐含对象。

pageContext 对象本身也拥有属性功能，使用方法和其他隐含对象相同。但是，使用 pageContext 可以方便的取得其它隐含对象的属性值。因为 pageContext 对象封装了所有的其他对象，所以可以通过 lookup 机制来搜索属性值。

下面是与属性操作相关的方法。

（1）设置或增加属性

```
pageContext.setAttribute(java.lang.string,java.lang.object);
pageContext.setAttribute(java.lang.string,java.lang.object,int);
```

第一个方法将在 pageContext 中设置或增加属性，第二个方法在指定的隐含内设置或增加属性，第三个参数是隐含对象，可以为表 8-2 所示的值。

表 8-2　pageContext 属性

常量	含义
pageContext.APPLICATION_SCOPE	application 对象
pageContext.PAGE_SCOPE	page 对象
pageContext.REQUEST_SCOPE	request 对象
pageContext.SESSION_SCOPE	session 对象

例　如：pageContext.setAttribute("sample","test",PageContext.SESSION_SCOPE)　等　效　于 session.setAttribute("sample","test")

（2）取得属性值

```
pageContext.getAttribute(java.lang.String)
pageContext.getAttribute(java.lang.String,int)
```

第一个方法从 pageContext 对象取得属性值，对应于 pageContext.setAttribute(String,Object) 方法；第二个方法从指定隐含对象中取得属性，对应于 pageContext.setAttribute(String,Object,int) 方法。

（3）查找属性

```
pageContext.findAttribute(java.lang.String)
```

在所有隐含对象的范围内查找指定的属性值。这个方法的搜索顺序为 pageContext、request、session、application，找到一个就返回。findAttribute 示例如示例代码 8-7 所示。

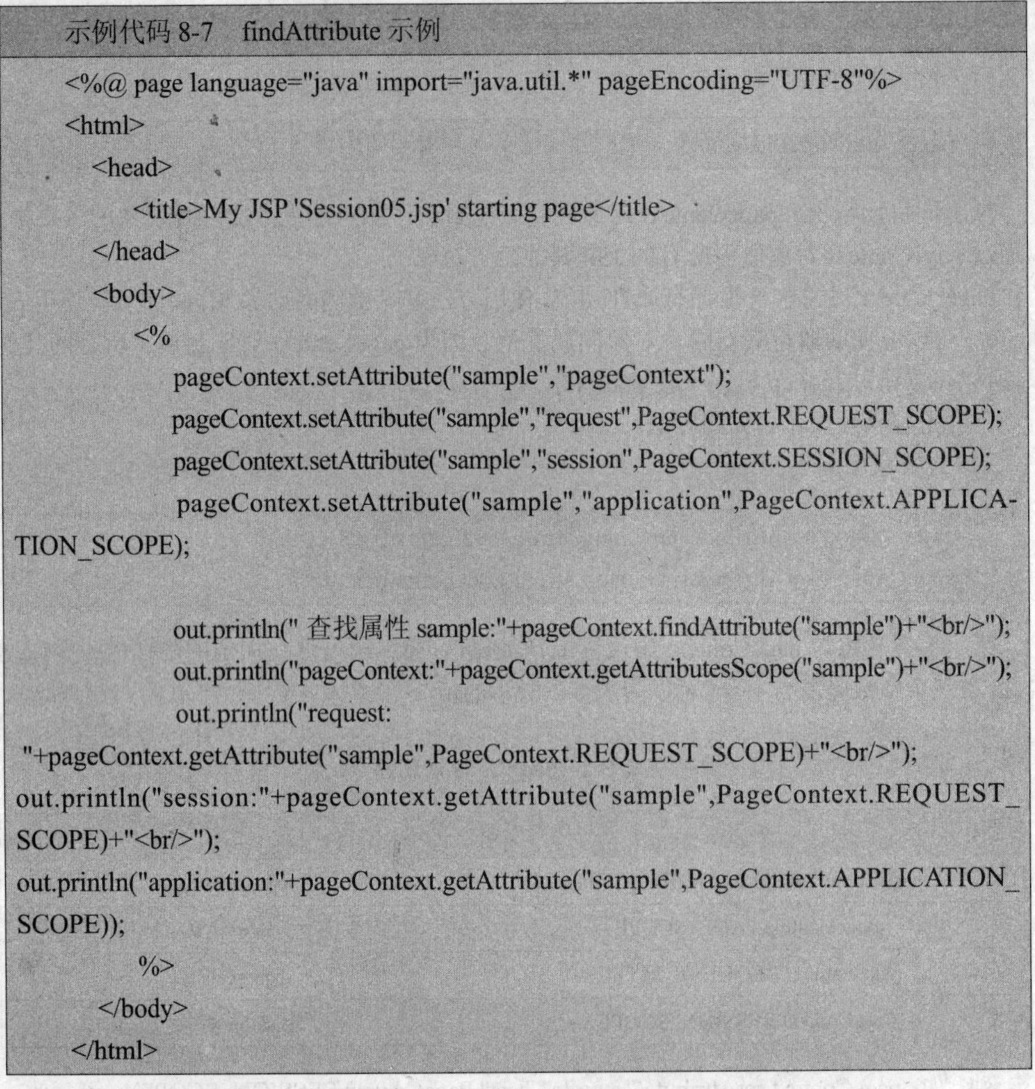

示例代码 8-7 findAttribute 示例

```
<%@ page language="java" import="java.util.*" pageEncoding="UTF-8"%>
<html>
  <head>
    <title>My JSP 'Session05.jsp' starting page</title>
  </head>
  <body>
    <%
        pageContext.setAttribute("sample","pageContext");
        pageContext.setAttribute("sample","request",PageContext.REQUEST_SCOPE);
        pageContext.setAttribute("sample","session",PageContext.SESSION_SCOPE);
        pageContext.setAttribute("sample","application",PageContext.APPLICA-
TION_SCOPE);

        out.println(" 查找属性 sample:"+pageContext.findAttribute("sample")+"<br/>");
        out.println("pageContext:"+pageContext.getAttributesScope("sample")+"<br/>");
        out.println("request:
"+pageContext.getAttribute("sample",PageContext.REQUEST_SCOPE)+"<br/>");
out.println("session:"+pageContext.getAttribute("sample",PageContext.REQUEST_
SCOPE)+"<br/>");
out.println("application:"+pageContext.getAttribute("sample",PageContext.APPLICATION_
SCOPE));
    %>
  </body>
</html>
```

程序运行结果如图 8-8 所示。

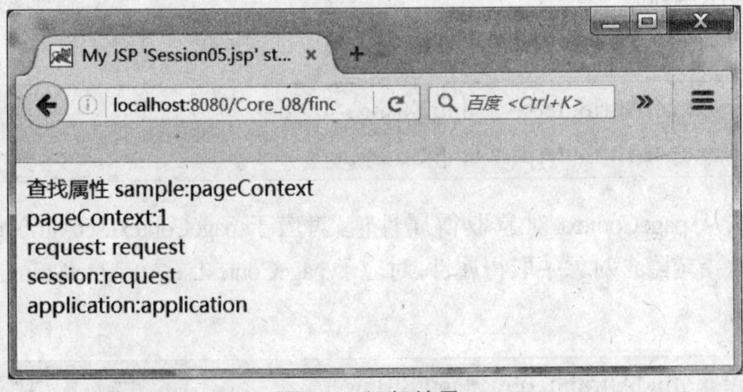

图 8-8 运行结果

8.4　cookie

会话对象有着诸多的优点，但是生存时间短使得它在某些场合就不能使用了。比如购物网站想记载用户上次访问所浏览的一些商品，用数据库保存是一个比较好的方法，但是这会极大地加重数据库的负担，考虑一下假设网站日访问的数量为5万人，每人访问10个商品，这样一天就会产生50万条记录，对数据库和网站本身都是极大的考验。所以要将这样的负担转接到客户身上去，将用户访问的商品信息保存在客户端。这就需要采用cookie来实现。

cookie是服务器发送给客户端浏览器的体积较小的纯文本信息，存储在客户端计算机上，随着用户的每次请求，附加在HTTP包中传递到服务器端。和前面看到的内置对象不同，它是需要手动声明的。首先要新建一个cookie，然后设置其属性，在通过response对象的addCookie()方法将其存入客户端，获取cookie对象可用request对象的getCookies()方法。

（1）创建cookie

调用cookie对象的构造函数可以创建cookie，构造函数如下：

```
public cookie(String name,String value)
```

函数中第一个参数cookiename是新建的cookie对象的名字，第二个参数cookievalue是新建的cookie对象的值。

（2）设置与读取cookie属性

再把cookie加入待发送的应答头之前，可以设置和查看cookie的各种属性。其中常用的有：

①获得cookie的过期时间（以秒计）

```
public int getMaxAge()
```

②设置cookie的过期时间（以秒计）

```
public void setMaxAge(int expiry)
```

如果不设置该值，则Cookie只在当前会话内有效，即在用户关闭浏览器之前有效，而且这些Cookie不会保存在磁盘上。

③获得cookie的名字

```
public String getName()
```

④设置cookie的名字

```
public void setName(String newValue)
```

⑤获得当前cookie所代表的值

```
public String getValue()
```

⑥为当前的 cookie 赋予新的值

```
public void setValue(String newValue)
```

⑦将 cookie 加入 http 头部利用内置对象 response 将 cookie 写回到客户端

```
public void addCookie(Cookie cookie)
```

⑧读取 cookie 工具函数

```
public Cookie[]getCookies()
```

利用内置对象 request 对象的 getCookies() 方法，可将客户端请求中的 cookie 读取出来。

该方法返回一个与 HTTP 请求头中的内容对应的 cookie 对象数组。得到这个数组之后，一般循环访问其中的各个元素，调用 getName() 检查各个 cookie 的名字，直至找到目标 cookie 为止。然后对这个目标 cookie 调用 getValue()，根据获得的结果进行其他处理。

例 假设我们现在在做一个安全性要求不高的论坛，希望用户注册登录后，下次就不需要再进行用户名和密码验证。

（1）提供登录的页面 login.jsp：在其中包含脚本，判断这次客户提交的请求中是否包含 cookie，并且该 cookie 是否是用户名，如果是，则显示欢迎提示；不是则提供登录界面。登录页面如示例代码 8-8 所示。

示例代码 8-8 login.jsp 登录页面

```
<%@page import="org.apache.jasper.tagplugins.jstl.core.Out"%>
<%@ page language="java" import="java.util.*" pageEncoding="UTF-8"%>
  <table boder="0">
      <tr align="right"><td>
        <%
            String username=null;
            Cookie[] c=request.getCookies();
            for(int i=0;i<c.length;i++){
                Cookie temp=c[i];
                if(temp.getName().equalsIgnoreCase("username")){
                username=temp.getValue();
                }
            }
            if(username= =null){
              %>
              <form action="validate.jsp" method="post">
```

```
                    用户名
                    <input type="text"name="username">
                    密码
                    <input type="password"name="password">
                    <input type="submit"value=" 提交 ">
                    <input type="reset"value=" 取消 ”>
                </form>
          <%
                }else{
                out.println(" 欢迎再次光临 "+username);
                }
           %>
            </td>
          </tr>
          <tr>
          <td>
             <img src="adv.jpg"width="1025"hight="102"align="center">
            </td>
          </tr>

    </table>
```

（2）登录处理页面 validate.jsp：验证用户名是否正确，如果正确则写入 cookie，转入产品演示界面；否则，跳转到错误处理页面。validate.jsp 如示例代码 8-9 所示。

示例代码 8-9 validate.jsp 登录处理页面

```
<%@page pageencoding="UTF-8" import="DB.*" %>
 <%
        String name=request.getParameter("username");
        String pass=request.getParameter("password");
        if(dbPerator.uservalidate(name,pass)){
            Cookie c=new Cookie("username",name);
            dbperator.setMaxAge(24*60*1000);
            response.addCookie(c);
            response.sendRedirect("main.jsp");
        }else{
             response.sendRedirect("loingError.html");
        }
```

```
%>
```

错误显示页面 loginError.html 如示例代码 8-10 所示。

示例代码 8-10 loginError.html 错误页面

```
<meta http-equiv="refresh" content="5;url=main.html">
<center> 你输入的密码有误，5 秒后自动跳转 </center>
```

（3）产品显示页面 showByDB.jsp，从数据库中读取信息显示。如示例代码 8-11 所示。

示例代码 8-11 showByDB.jsp 产品显示页面

```
<%@page import="java.util.Iterator"%>
<%@page import="java.util.ArrayList"%>
<%@ page language="java" import="java.util.*, DB.*,java.util,javabean.*"
    pageEncoding="UTF-8"%>
<%
    ArrayList list = dboperator.getitens();
    Iterator it = list.iterator();
    item item;
%>
<table border="1" width="80%" bordercolor="green">
<caption> 产品目录 </caption>
            <tr align="center">
            <th> 产品图片 </th>
            <th> 产品名称 </th>
            <th> 产品单价 </th>
            <th> 折后价格 </th>
            <th> 购买 </th>
    </tr>
    <%
            while (it.hasNext()) {
                    item = (Item) it.next();
    %>
    <tr align="center">
            <td><img scr=<%=item.getphoto()%> width="40" height="80"></td>
            <td><%=item.getpname()%></td>
            <td><font color="red"><strike><%=item.getprice()%></strike>
            </font></td>
            <td><%=item.getpricebyoff()%></td>
```

```
            <td>
                    <form action="cookiesdemo" method="get">
                          <input  type="hidden"  name="pid"  value=<%=item.getpid()%>>
<input
                                    type="submit" value=" 购买 ">
                    </form>
            </td>
        </tr>
    <%
            }
    %>
</table>
```

（4）整合框架页面 main.jsp：将上述登录和产品展示页面整合在一起。如示例代码 8-12 所示。

示例代码 8-12　main.jsp 整合框架页面

```
<%@ page language="java" import="java.util.*" pageEncoding="UTF-8"%>
<html>
<head>
<title> 产品演示 </title>
</head>
<body>
    <Table>
            <tr>
                    <td><jsp:directive.include file="login.jsp" /></td>
            </tr>
            <tr align="center">
                    <td><JSP:directive.include file="showbydb.jsp" /></td>
            </tr>
    </Table>
</body>
</html>
```

程序运行结果如图 8-9 所示。

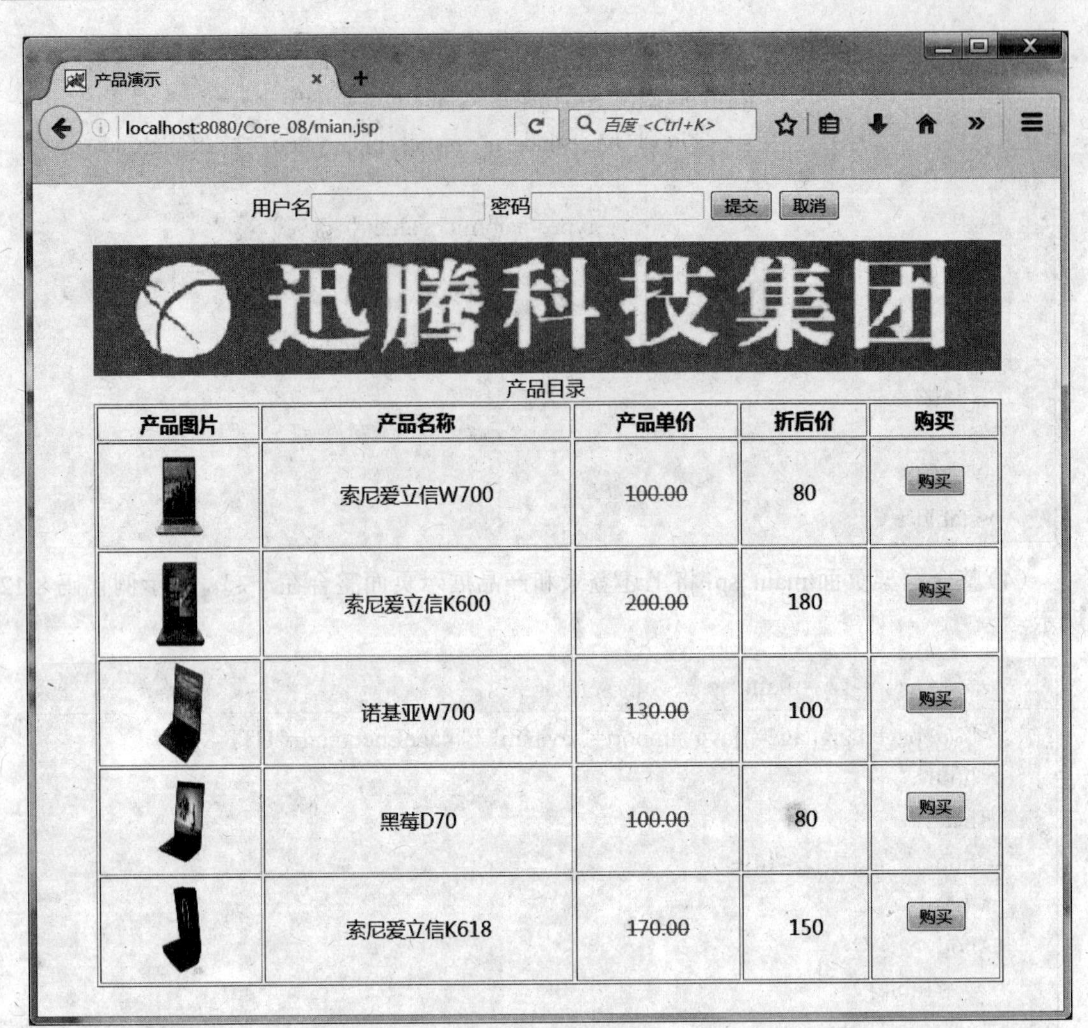

图 8-9 运行结果

8.5 小结

✓ 学习了一些 JSP 的内置对象。

✓ 了解 JSP 中页面之间信息的保存可以采用内置对象。

✓ 了解 cookie 是如何保存服务器端信息的。如何传递到客户端，又是如何传回服务器的。

8.6　英语角

session	会话
interval	间隔
invalidate	无效的

8.7　作业

将登录后的用户名写入 session,然后在其他页面读取出来,并以此访问数据库,将该用户信息全部显示出来,可参考上一章的数据库表结构。

8.8　思考题

1. 如何实现购物页面的购物车?
2.cookie 能不能替代掉 session?

8.9　学员回顾内容

session 对象的使用和 cookie 对象的使用。

第 9 章　JSP 标准动作

学习目标

✧ 了解 JSP 动作标签的作用。

✧ 掌握使用 JSP 动作标签。

课前准备

熟悉 B/S 结构，熟悉 JSP 的组成。

通过上一章我们发现，在 JSP 中使用 Java 的纯代码不方便。因此我们引入 JSP 的标准动作来代替 JSP 中所出现的 Java 纯代码，让我们的页面看上去更加的“清爽”，更容易维护。

本章简介

在前几章的学习之中，我们了解到 JSP 的内置对象以及它们的使用原理以及使用方法，在这一章，我们将学习 JSP 标准动作的使用。

9.1　概述

我们从软件工程的大局考虑时，希望程序代码看上去很简洁，每一个模块看上去尽可能的简单，这就要求我们将每一个“操作”的语句尽可能的封装起来。特别是像 JSP 这样的嵌入式的语句，整个程序代码段涉及到两种不同风格的语言，如果不这样处理的话，整个页面看上去就非常的乱，而且维护起来比较麻烦。JSP 提供了标准动作来实现上述的要求，即采用符合 XML 标准语法的标记对来代表特定的动作操作。

按照前面所学的知识我们可以把在软件开发过程中所要实现的一些功能性的东西封装起来，比如“用户登录名验证”就封装在一个数据访问类中。这些体现软件功能的规则被称为业务逻辑，封装了业务逻辑的类就可以以 JavaBean 的形式来实现。以后在 JSP 中要实现某一业务逻辑时，只要访问事先编好的 JavaBean 就可以了。实际上前几章中，我们看到的 DBOperator 就是 JavaBean，它封装了“查看全部产品”和“登录名验证”的业务逻辑。

在 JSP 中要调用这些业务逻辑时，可以采用脚本的方式，也可以采用 JSP 的标准动作来访问。后者页面看上去比前者简洁了许多，页面中只有较少的脚本，这对美工优化界面，或者是后期的维护都非常有利。

9.2　文件包含动作

include 动作指令用来在 JSP 页面中动态包含一个文件，这样包含页面程序与被包含页面的程序是彼此独立的，互不影响。JSP 的 include 动作指令可含一个动态文件也可以包含一个静态文件。如果包含的是一个静态文件（文本文件），就直接输出给客户端，由客户端的浏览器负责显示；如果包含的是一个动态文件，则由服务器的 JSP 引擎负责执行，把运行结果返回给客户端显示出来。

语法为：

```
<jsp:include  page=" 要包含的文件 "/>
<jsp:param  name=" 要传递参数名 "  value=" 对应参数的值 "/>
</jsp:include>
```

例如被包含的文件 Header.jsp：

```
<%
    out.println("<td> 用户 </td><td>"+request.getParameter("user")+"</td>");
%>
```

主页面 Jspinclude.jsp 如示例代码 9-1 所示。

示例代码 9-1　Jspinclude.jsp

```
<%@ page language="java" contentType="text/html; charset=UTF-8" pageEncod-
ing="UTF-8"%>
<html>
  <head>
   <title>Jspinclude.jsp</title>
  </head>
  <body>
    <table border="1">
    <tr>
    <jsp:include page="Header.jsp">
        <jsp:param name="user" value="zengcobra"/>
</jsp:include>
    </tr>
    <tr><td> 性别 </td><td> 男 </td></tr>
    <tr><td> 生日 </td><td>19770702</td></tr>
```

```
    </table>
  </body>
</html>
```

程序运行结果如图 9-1 所示。

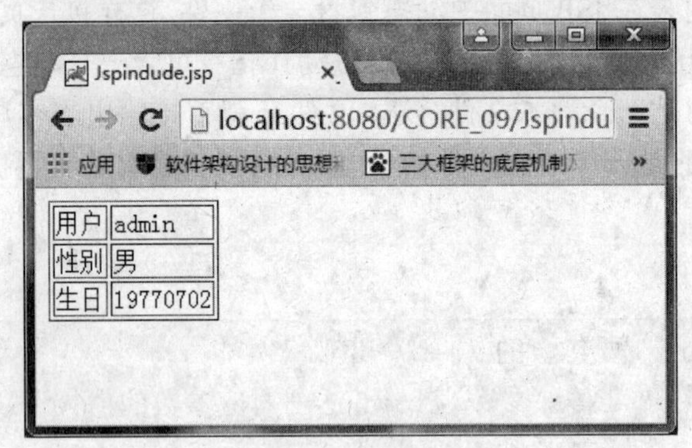

图 9-1 运行结果

和 include 指令的差别在于，include 指令是将被包含文件的代码包含在 JSP 中，然后 JSP 编译生成相应的 Servlet 类相应请求，如果这个 JSP 页面本身没有改变，则被包含文件的改变就体现不出来；而 include 动作的做法是，在执行 JSP 页面遇到 include 动作时，将包含的页面执行后产生的结果嵌入 JSP 中，所以被包含页面的每一点改动，JSP 都能体现出来。

9.3 <jsp:useBean> 动作

这个标记的作用有：

- 为当前页面创建一个 JavaBean 对象；
- 指定该 JavaBean 对象的作用域范围；
- 如果在当前页面作用范围中已有一个同名同类型的 JavaBean，则该标记将引用这个 JavaBean 对象。

该标记对的语法为：

```
<jsp:useBean id="javaBean 在页面中引用的名字 "
     class="JavaBean 所基于的类 "
scope=" 该 JavaBean 对象的作用域范围：page、request、session、application"
     type=" 指明该 JavaBean 的基类名，方便以继承的方式访问 ">
</jsp:useBean>
```

例如：

```
<jsp:useBean id="demobean" class="demo.demoBean" scope="page">
</jsp:useBean>
```

这两句代码等价于：

```
<% demo.demoBean demobean=new demo.demoBean();%>
```

useBean 动作除了像上面的说明方式外，还可按 XML 的描述方式说明为自结束标记，如：

```
<jsp:useBean id="demobean" class="demo.demoBean" scope="page"/>
```

其中需要注意的是 scope 属性，该属性决定在当前页面中创建出来的 JavaBean 对象的生命周期及作用范围：

- page：这是 scope 属性的默认值，表明当前的 JavaBean 对象存储在 pageContext 中在前页面中有效。
- request：在同一个请求对象中有效。在页面传递时，如果请求对象也被传递到了另一个页面，则在第二个页面也能访问在 request 中创建的 JavaBean 对象。
- session：JavaBean 对象被创建在 session 中，在同一个 session 中都有效。
- application：即整个站点上的所有页面均可访问。

jsp：useBean 如示例代码 9-2 所示。

示例代码 9-2　jsp:useBean 代码

```
<%@ page language="java" import="java.util.*" pageEncoding="GBK"%>
<!DOCTYPE HTML PUBLIC "-//W3C//DTD HTML 4.01 Transitional//EN">
<html>
  <head>
        <title>My JSP 'setProperty.jsp' starting page</title>
  </head>
    <body>
<jsp:useBean id="item" class=" Item" scope="page"></jsp:useBean>
<%
        item.setPid("001");
        item.setPname(" 摩托罗拉 ");
%>
 <H1><center><%=item.getPname() %></center></H1>
</body>
</html>
```

页面中利用 useBean 动作声明了 Item 类的对象，并且赋对象名为 Item。然后在后面的脚本部分直接调用该对象的方法，完成对象中 Pid 和 Pname 的赋值。

Item 类如示例代码 9-3 所示。

示例代码 9-3 Item 类

```
public class Item {
    public String Pid;
    public String Pname;
    public String Pprice;
    public String getPprice() {
        return Pprice;
    }
    public void setPprice(String pprice) {
        Pprice = pprice;
    }
    public String getPid() {
        return Pid;
    }
    public void setPid(String pid) {
        Pid = pid;
    }
    public String getPname() {
        return Pname;
    }
    public void setPname(String pname) {
        Pname = pname;
    }
}
```

程序运行结果如图 9-2 所示。

图 9-2 运行结果

9.4　<jsp:setProperty> 动作

一旦利用 useBean 动作创建好了 JavaBean 对象，则可以利用 setProperty 动作来完成对 JavaBean 中"设置属性"方法的调用。setProperty 动作语法如下：

```
< jsp:setProperty  name="useBean 中 id 属性赋的值，即 JavaBean 对象在网页中的名字 "
        property="javaBean 中待设置的属性名 "
        param=" 前端表单输入的元素的名字 "
    value=" 对应属性的值 "
    >
```

其中 param 是由前端表单传递参数来对 JavaBean 中数据赋值，而这些参数被存放在 request 对象中，如果在 request 中有空值，或根据名称 Bean 中的属性找不到与 request 参数相匹配的参数，则都不会在这个属性中设置任何值，value 是手动的指定一个值，和表单没有关系，但是所赋予的值要和 Bean 中属性的类型相同，否则会报异常。可以采用包装类的类型转换函数来进行类型转换。要注意的是在同一个 Bean 动作中不能同时存在 param 和 value 参数。

setProperty 动作可以在 useBean 动作标记对中使用，也可以在 useBean 标记之后使用。代码如下所示：

```
<jsp:setProperty name="yeacher"
property="username"
value="<%requset.getParameter("username")%>"/>
```

JavaBean 类的结构如下：

```
class Teacher{
String username;
public void setUserName(String name){
username=name;}
public String getUserName(){
retrun username;
}
}
```

前端页面代码如下：

```
<form method="post" action="aa.jsp">
<input type="text" name="username" size=10>
<input type="submit" value=" 提交 ">
</form>
```

后端处理：

```
<jsp:useBean  id="teacher " scope=" session" class="Teacher"/>
<jsp:setProperty name="teacher" property="username" param="uName"/>
```

这里 param 参数填写的值就是前端 HTML 表单中 text 的名字，JSP 会自动读取用户在 text 中填写的值，将该值写入到 JavaBean 的 teacher 对象的 username 属性中。唯一要注意的是表单中 text 的名字必须和 JavaBean 中的数据成员的名字要一致。

更为特殊的写法是：只要 HTML 的表单中创建的 input 元素的个数和 JavaBean 中的属性个数相同，名称也相同。就可以在 setProperty 中用：

```
<jsp:setProperty name="teacher"  property="*"/>
```

JSP 会自动把表单中的数据填充到 JavaBean 中名称相同的属性中去。

例 有了 setProperty 动作我们可以把上一节代码改变一下，用动作的方式来完成 JavaBean 的赋值。JavaBean 的赋值类如示例代码 9-4 所示。

示例代码 9-4 JavaBean 的赋值类

```
<%@ page language="java" import="java.util.*" pageEncoding="GBK"%>
<!DOCTYPE HTML PUBLIC "-//W3C//DTD HTML 4.01 Transitional//EN">
<html>
  <head>
    <title>Java Bean 赋值 </title>
  </head>
<body>
<jsp:useBean id="item" class="JavaBean.Item">
<jsp:setProperty name="item" property="pid" value="001"/>
<jsp:setProperty name="item" property="pname" value=" 摩托罗拉 "/>
</jsp:useBean>
<H1><center><%=item.getPname()%></center></H1>
</body>
</html>
```

程序运行结果如图 9-3 所示。

图 9-3　运行结果图

例　从前面的学习知道 setPorperty 可以和 form 表单配合使用，并且有多种实现方式。前端页面 setProperty. html，提供表单输入界面。表单输入页面如示例代码 9-5 所示。

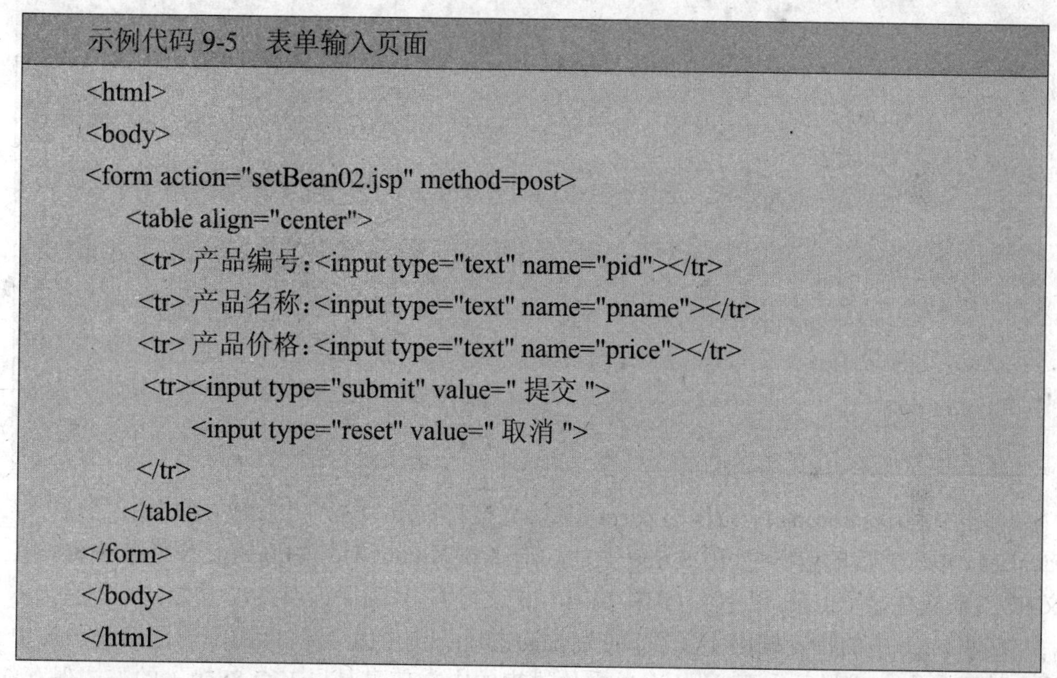
示例代码 9-5　表单输入页面

```
<html>
<body>
<form action="setBean02.jsp" method=post>
    <table align="center">
     <tr> 产品编号:<input type="text" name="pid"></tr>
     <tr> 产品名称:<input type="text" name="pname"></tr>
     <tr> 产品价格:<input type="text" name="price"></tr>
     <tr><input type="submit" value=" 提交 ">
         <input type="reset" value=" 取消 ">
     </tr>
    </table>
</form>
</body>
</html>
```

程序运行结果如图 9-4 所示。

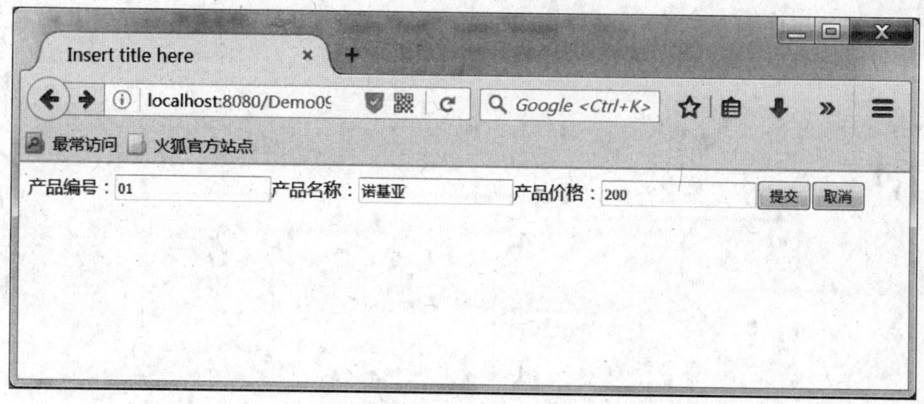

图 9-4　表单输入界面

表单处理页面如示例代码 9-6 所示。

示例代码 9-6　表单处理页面

```
<%@ page language="java" contentType="text/html; charset=UTF-8"
    pageEncoding="UTF-8"%>
<!DOCTYPE html PUBLIC "-//W3C//DTD HTML 4.01 Transitional//EN" "http://
www.w3.org/TR/html4/loose.dtd">
<html>
<body>
    <jsp:useBean id="item" class="com.Util.Item">
        <jsp:setProperty name="item" property="pid" param="pid"/>
        <jsp:setProperty name="item" property="pname" param="pname"/>
        <jsp:setProperty name="item" property="price" param="price"/>
    </jsp:useBean>
<H1><center>
    <%=new String(item.getPname().getBytes("ISO8859-1"),"GBK")%>
</center></H1><br>
<H1><center>
    <%=item.getPprice()%>
</center></H1>
</body>
</html>
```

页面中利用 setProperty 动作的 parm 参数，直接将 form 中传递过来的用户输入数据，存入 JavaBean 中。随后的输出中，用 String 类的构造函数对 Item 对象的 pname 属性值编码。其意义在于：在属性显示以前，以中文 GBK 编码方式进行编码，确保该属性以中文方式显示。

这和 page 中的指定编码不矛盾，因为 page 指令只是指定当前页面中的已经编码为中文的字符以中文方式显示。而 form 表单中传过来的中文信息是以 ISO-8859-1 的方式保存的，它是无法显示为中文汉字字符的，所以需要手动的进行转换。

程序运行结果如图 9-5 所示。

图 9-5　运行结果

9.5　<jsp:getProperty> 动作

一旦利用 useBean 动作创建好了 JavaBean 对象，则可以利用 getPrPoerty 动作来完成对 JavaBean 中“读取属性”方法的调用，并将读取到的值直接显示在页面上。getProperty 动作语法如下：

```
<jsp:getProperty  name="useBean 中属性赋的值，即 JavaBean 对象在网页中的名字 "
            property="JavaBean 中读取的属性名字，和 JavaBean 中属性名一致 " />
```

getPrPoperty 动作来完成对 JavaBean 中“读取属性”如示例代码 9-7 所示。

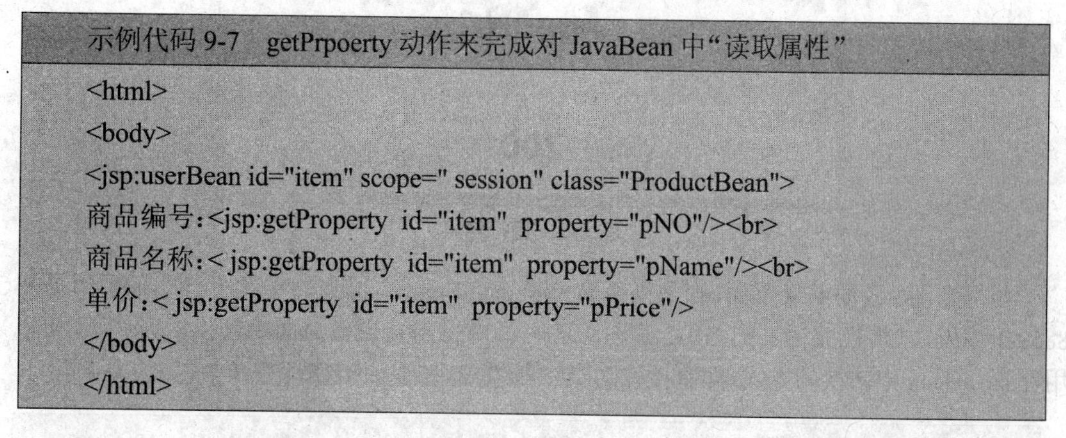
示例代码 9-7　getPrpoerty 动作来完成对 JavaBean 中“读取属性”

```
<html>
<body>
<jsp:userBean id="item" scope=" session" class="ProductBean">
商品编号：<jsp:getProperty  id="item"  property="pNO"/><br>
商品名称：< jsp:getProperty  id="item"  property="pName"/><br>
单价：< jsp:getProperty  id="item"  property="pPrice"/>
</body>
</html>
```

例　将 9.4 节示例代码 9-6 中输出部分改为 getProperty 动作来完成输出如示例代码 9-8 所示。

示例代码 9-8 getProperty 动作完成输出

```
<html>
<body>
    <jsp:useBean id="item" class="JavaBean.Item">
        <jsp:setProperty name="item" property="pid" param="pid"/>
        <jsp:setProperty name="item" property="pname" param="pname"/>
        <jsp:setProperty name="item" property="price" param="price"/>
    </jsp:useBean>
<H1><center>
    <jsp:getProperty name="item" property="pname"/>
</center></H1><br>
<H1><center>
    <jsp:getProperty name="item" property="price"/> 元
</center></H1>
</body>
</html>
```

程序运行结果如图 9-6 所示。

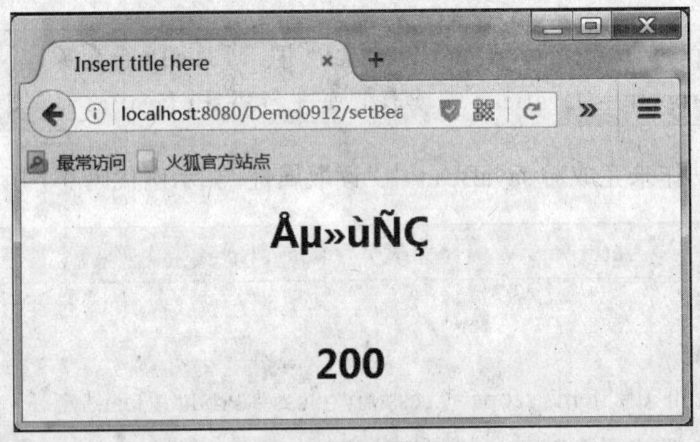

图 9-6 运行结果

若得到图 9-6 的结果页面，则是由于直接从 JavaBean 中得到的文本字符串采用的是 ISO-8859-1 编码，未转换成中文的 GBK 编码。这时可以采用直接在页面中转换的方式，也可以采用在 JavaBean 中转换的方式，即直接在对类中属性赋值的 setXXX() 方法中，完成编码。

```
public void setPname(String v) throws Excepion{
        pname=new String(v.getBytes("ISO8859-9"),"GBK")
}
```

程序运行结果如图 9-7 所示。

图 9-7　运行结果

9.6　请求重定向动作

实现 JSP 文件的重定向，将对本页面的请求，转交别的页面处理。它的语法为：

```
<jsp.forward page=" 要跳转的路径 "/>
<jsp.param name=" 要传递的参数名 " value=" 对应参数的值 "/>
</jsp.forward>
```

例如：根据用户选择的显示方式不同，跳转到不同的页面中去。

```
<% if((request.getParameter("model").equals("all")){ %>
    <jsp:forward  page = "showAll.jsp" >
    <jsp:param name = "user"  value = "zengcobra" />
    </jsp:forward>
<% }else{ %>
    <jsp:forward  page = "showDetail.jsp" >
    <jsp:param name = "user" value = "zengsnake" />
    </jsp:forward>
<% } %>
```

forward 动作的最大特点就是可以往目标页面传递参数，而目标页面也仅需要用传统的 request 对象的 getParameter() 方法就可以读取 forward 传递过来的参数了。

9.7 实例

我们还是基于上一章的电子商务网站事例，在原有的基础上加入购物车的内容，即在网站中可以直接选购商品，该商品被保存在 session 中，然后可以查看购物车中的内容。这一功能设计的非常简单，我们可以在这一基础上再加以完善。

选购产品流程见图 9-8。

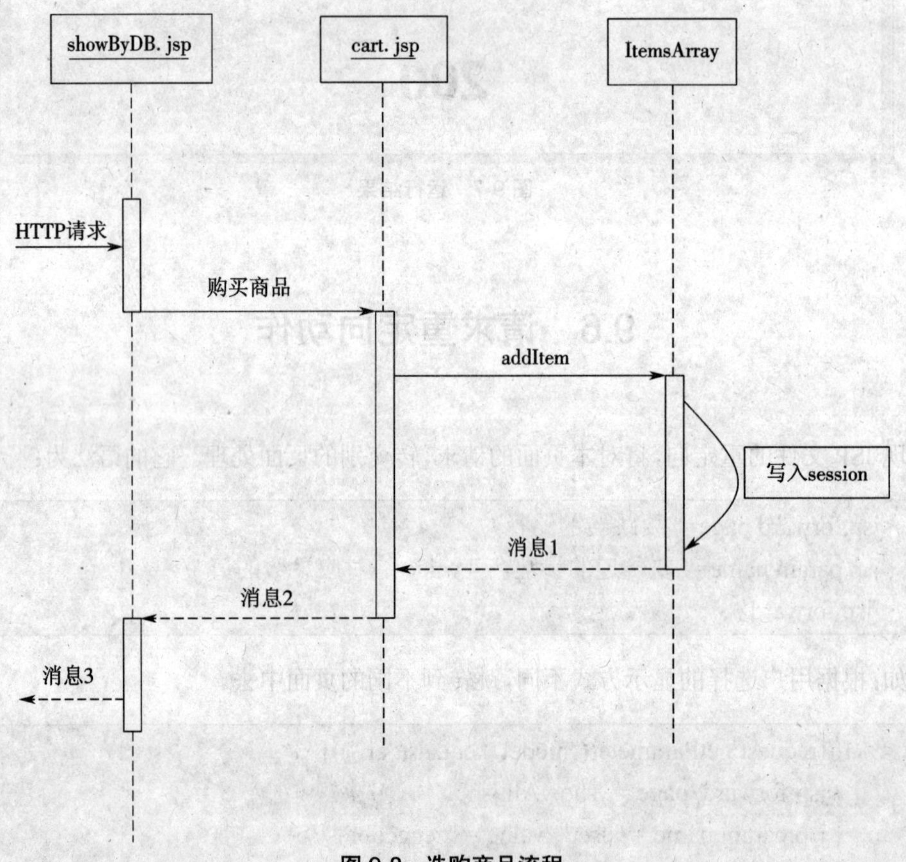

图 9-8 选购商品流程

显示购物车参见图 9-9。

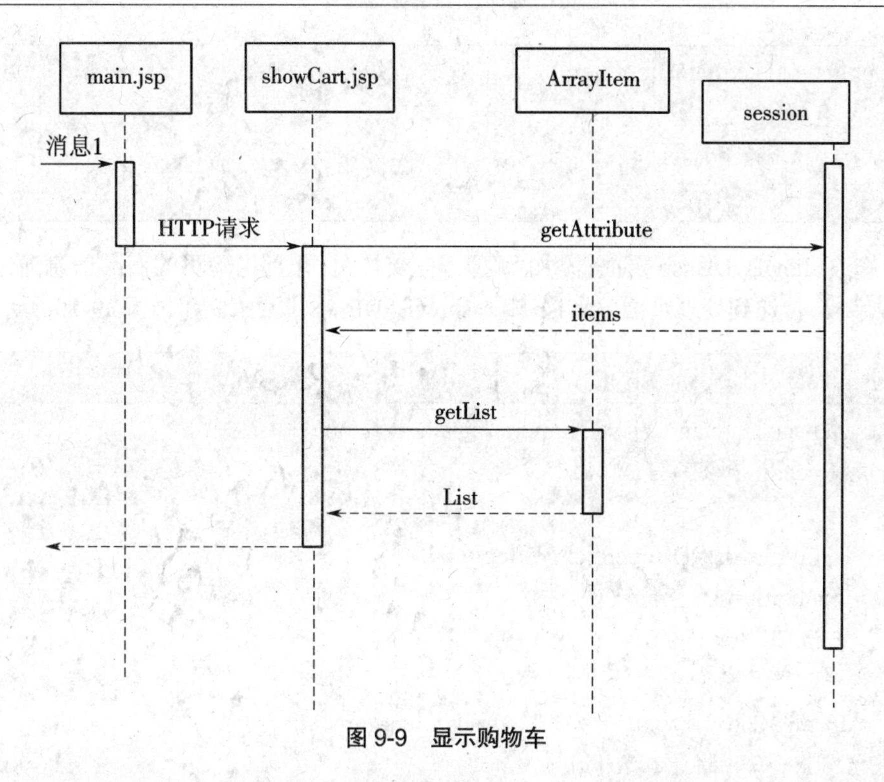

图 9-9　显示购物车

(1)创建 JavaBean 类，类中维持集合成员 list，用户购买的商品可存入该容器中。JavaBean 类如示例代码 9-9 所示。

示例代码 9-9　JavaBean 类

```
package JavaBean;
import java.util.*;
public class ItemsArray {
    ArrayList list=null;
    public ItemsArray()
    {
        list=new ArrayList();
    }
    public void setList(ArrayList I)
    {
        list=(ArrayList)I.clone();
    }
    public ArrayList getList()
    {
        return list;
    }
```

```
public void addItem(Item item)
    {
        list.add(item);
    }
```

（2）修改 showByDB.jsp 页面，添加“购买”提交按钮，并且将购买的商品信息通过 form 表单的隐藏字段，传递到处理页面 cart.jsp 中。showByDB.jsp 页面如示例代码 9-10 所示。

示例代码 9-10　showByDB.jsp 页面

```
<%@ page language="java" import="java.util.*,com.Util.*,DB.*"
pageEncoding="GB2312"%>
<%
    ArrayList list=DBoperator.getItems();
    Iterator it=list.iterator();
    com.Util.Item item;
 %>
 <table border="1" width="80%" bordercolor="green">
 <caption> 产品目录 </caption>
    <tr align="center">
        <th> 产品图片 </th>
        <th> 产品名称 </th>
        <th> 产品单价 </th>
        <th> 折后价格 </th>
        <th> 购买 </th>
    </tr>
    <%
    while(it.hasNext()){
    item=(com.Util.Item)it.next(); %>
    <tr align="center">
        <td>
            <img src="./photo/ <%=item.getPphoto() %>" width="125" height="100" />
        </td>
        <td>
            <%=item.getPname() %>
        </td>
        <td>
        <font color=red><strike><%=item.getPprice() %></strike></font>
        </td>
```

```
            <td>
                <%=item.getPpriceoff() %>
            </td>
            <td>
                <form action="cart.jsp" method="post">
                <input type="hidden" name="pid" value=<%=item.getPid() %>>
                <input type="hidden" name="pname" value=<%=item.getPname() %>>
                <input type="hidden" name="photo" value=<%=item.getPphoto() %>>
                <input type="hidden" name="price" value=<%=item.getPprice() %>>
                <input type="hidden" name="priceoff" value=<%=item.getPpriceoff() %>>
                  <input type="submit" value=" 购买 ">
              </form>
            </td>
        </tr>
        <%
        }
        %>
    </table>
```

其中每一行最后一个单元就是“购买”按钮所在的表单，表单中包含隐藏字段，字段的值是表单所在行的产品信息。

（3）“购买”处理页面将用户选购的产品读取出来生成 Item 类的 JavaBean，然后将该 JavaBean 添加到 ItemsArray 中去，该 JavaBean 会保存在 session 中。最后页面跳转回 main.jsp。

```
<jsp:directive.page pageEncoding="GB2312"
        import="java.util.*,com.Util.*,DB.*"/>
<jsp:useBean id="item" class="com.Util.Item" scope="page">
<jsp:setProperty name="item" property="pid" param="pid"/>
<jsp:setProperty name="item" property="photo" param="photo"/>
<jsp:setProperty name="item" property="pname" param="pname"/>
<jsp:setProperty name="item" property="price" param="price"/>
<jsp:setProperty name="item" property="priceOff" param="priceOff"/>
</jsp:useBean>
<jsp:useBean id="list" class="com.Util.ItemsArray" scope="session"/>
<%
    list.addItem(item);
 %>
<jsp:forward page="main.jsp"/>
```

（4）在 main.jsp 中添加一个查看"购物车"的超链接。main.jsp 如示例代码 9-11 所示。

示例代码 9-11　main.jsp

```
<%@ page language="java" import="java.util.*" pageEncoding="GB2312"%>
<html>
  <head>
    <title> 产品演示 </title>
    </head>
    <body>
     <table>
       <tr>
         <td>
         <jsp:directive.include file="login.jsp"/>
         </td>
         </tr>
         <tr align="center">
         <td>
         <jsp:directive.include file="showByDB.jsp"/>
         </td>
       </tr>
       <tr><td><a href="showCart.jsp"> 去购物车 </a></td></tr>
      </table>
  </body>
</html>
```

（5）查看"购物车"页面，利用 useBean 指令获得保存在 session 中的 JavaBean:ItemsArray，从其中获得我们所选购的商品。查看"购物车"页面如示例代码 9-12 所示。

示例代码 9-12　查看"购物车"页面

```
<%@page import="com.Util.Item"%>
<jsp:directive.page
          import="java.util.*,DB.*,com.Util.*"
          contentType="text/html;charset=GBK"/>
<html>
<body>
<jsp:useBean id="list" class="com.Util.ItemsArray" scope="session"/>
<center>
```

```
<table border="1" cellspacing="1" borderColor="green">
<%
    ArrayList l=list.getList();
    Iterator it=l.iterator();
    com.Util.Item item;
    while(it.hasNext()){
    item=(com.Util.Item)it.next();
%>
    <tr>
     <td width="100" align="center">
     <img src="./photo/<%=item.getPphoto() %>" >
     </td>
     <td width="200" borderColor="blue" align="center">
      <table>
          <tr>
          <td><%=new String(item.getPname().getBytes("ISO8859-1"),"GBK")%></td>
          </tr>
          <tr>
          <td><strike><font color="red"><%=item.getPprice() %></font></strike></td>
          </tr>
          <tr>
          <td><%=item.getPpriceoff() %></td>
          </tr>
      </table>
              </td>
             </tr>
             <%
             }
             %>
             </table>
      </center>
    </body>
</html>
```

程序运行结果如图 9-10 所示。

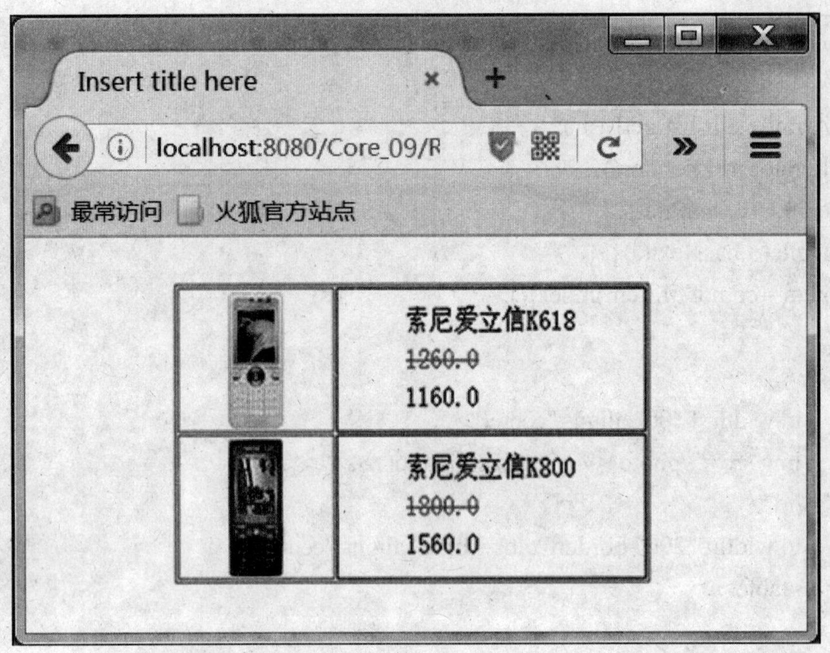

图 9-10 运行结果

9.8 小结

- ✓ 学习 JSP 中的标准动作。
- ✓ 利用 include 动作来动态的包含被包含页面执行后的输出。
- ✓ 利用 forward 来完成页面的跳转，并且将必要的信息传递到目的页面。
- ✓ 利用 useBean 来声明 JavaBean 对象。
- ✓ 利用 setProperty 来完成对 JavaBean 中属性赋值。
- ✓ 利用 getProperty 读取 JavaBean 中属性的值。

9.9 作业

1. 创建被包含页面 include.jsp，在该页面中利用 request 对象中的参数初始化 JavaBean。
2. 创建包含页面 main.jsp，包含 include.jsp，传递必要的参数到 include.jsp 中。

9.10　思考题

1.include 动作相当于在 include 指令的基础上做了什么额外的工作？

2. 当 Web 容器读取到 useBean、setProperty、getproperty 动作时，相当于执行了什么语句？

9.11　学员回顾内容

1. 回顾 include 指令和 include 动作的区别。
2. 回顾使用 JavaBean 的动作。
3. 回顾 forward 和 sendRedirect 的区别。

第 10 章　Java 实用技术

学习目标

✧ 掌握文件上传。
✧ 掌握使用 Java 操作 Excel。

课前准备

熟悉 JSP 技术，熟悉 Java 语言

本章简介

在以上章节的学习中，我们学会了如何去实现 Web 应用，本章将学习一些新技术，帮助我们将项目开发的更完善。

10.1　在 JSP 中上传文件

几乎每一个 Web 应用都需要为用户提供文件上传的功能，例如：邮箱附件、空间的相册、个人头像等。浏览器端对文件上传功能提供了较好的支持，只要对 form 的一些属性进行简单设置即可。但在 Web 服务器端获取通过浏览器上传的文件数据（二进制输入流），需要进行非常复杂的编程处理。为了简化文件上传的操作，一些公司和组织专门开发了文件上传组件。其中 Apache 文件上传组件得到广泛的传播和应用。本节我们将详细介绍如何使用 Apache 文件上传组件实现文件上传。

10.1.1　Commons FileUpload 简介

使用 Apache Commons FileUpload 文件上传组件需要两个库存文件：

（1）common-fileupload.jar

（2）commons-io.jar

要想得到这两个库存文件，可以进入 Apache 官方网站的 commons-fileupload 网页：http://http://commons.apache.org/proper/commons-fileupload/download_fileupload.cgi

在 Downloading 栏目中点击最新版本号后面的“here”超链接就可以打开当前最新版本的 Commons FileUpload 文件上传组件下载页面。在下载页面，其中 Binaries 是编译好的 jar 包；

Source 是源代码包，如图 10-1 所示。

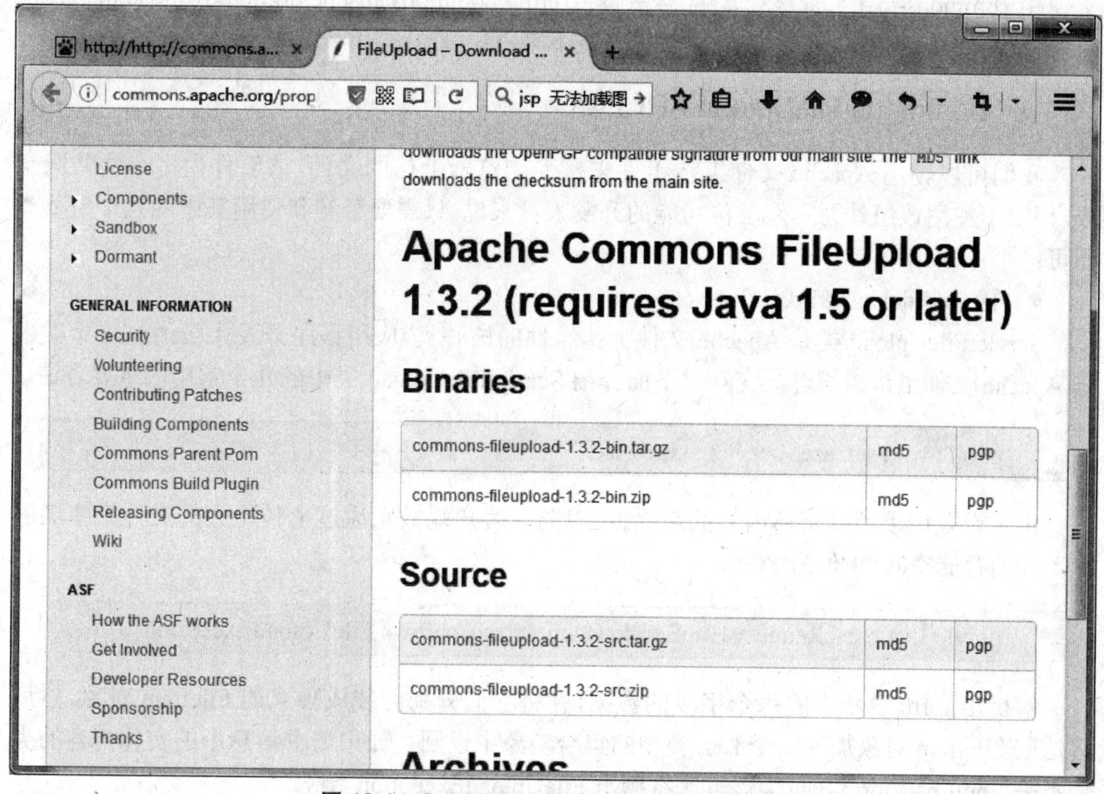

图 10-1　Commons FileUpload 组件下载页面

我们这里选择下载 commons-fileupload-1.3.1-bin.zip 文件。解压后得到如图 10-2 所示目录结构。

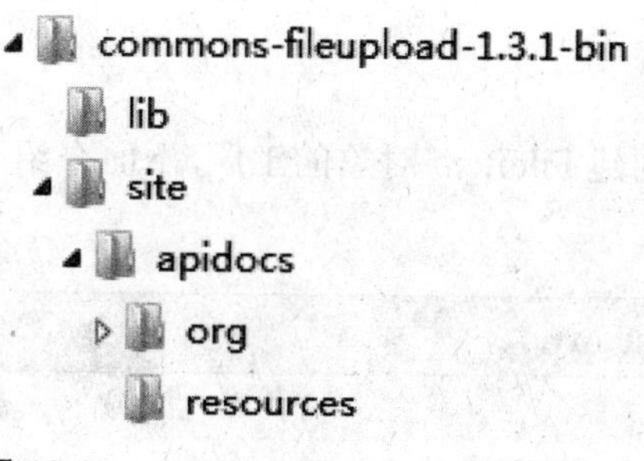

图 10-2　commons-fileupload 解压后示意

其中：

commons-fileupload-1.3.1：根目录。

lib：类库目录。

site：包括 Commons FileUpload 组件站点所有页面文件

apidocs：API 文档目录，API 文档链接可以在下面的首页中找到，也可以直接打开此目录，点击 index.html 打开 API 文档。

FileUpload 是基于 Commons IO 的，所以在项目开发前先确定 Commons IO 的 jar 包（本文使用 commons-io-1.4.jar），在浏览器中输入 http://commons.apache.org/io/download.io.cgi, 仿照下载 FileUpload 的方式将 IO 的组件也下载下来。

10.1.2 Commons FileUpload API 介绍

我们可以使用 Apache 文件上传组件来接受浏览器上传的文件，该组件由多个类共同组成，但对于使用该组件写文件上传功能的开发人员来说，只需要了解和使用其中的几个重要类即可：

- ServletFileUpload 类

ServletFileUpload 类是 Apache 文件上传组件的核心类，应用程序开发人员通过这个类来与 Apache 文件上传组织进行交互。下面介绍 ServletFileUpload 类中的几个常用的重要方法。

```
public void setSizeMax(long sizeMax)
```

用于设置请求消息实体内容的最大值，以防止客户端故意通过上传特大的文件来塞满服务器端的存储空间，单位为字节。

```
public List parseRequest(HttpServletRequest  req) throws FileUploadException
```

解析出 form 表单中的每个字段的数据，并将它们分别包装成独立的 FileItem 对象，然后将这些 FileItem 对象加入一个 List 类型的集合对象中返回。如果请求消息中的实体内容的类型不是“multipart/form-data”，该方法将抛出 FileUploadException 异常。

```
public static booleam is MulyipartContent(HttpServletRequest req)
```

用于判断请求消息中的内容是否是“multipart/form-data”类型，是则返回 true，否则返回 false。

- DiskFileItemFactory

DiskFileItemFactory 是创建 FileItem 对象的工厂，下面介绍 DiskFileItemFactory 类中的常用的重要方法：

```
public DiskFileItemFactory()
```

常用的构造方法。

```
public void setSizeThreshold(int sizeThreshold)
```

设置内存缓冲区的大小，默认值为 10K。当上传文件大于缓冲区大小时，FileUpload 组件将使用临时文件缓存上传文件。

```
public void setRepository(File repository)
```

指定临时文件目录。

● FileItem 接口

FileItem 接口的实现类用来封装单个表单字段元素的数据，通过调用 FileItem 对象的方法可以获得相关表单字段元素的数据。

下面介绍 FileItem 类中的几个常用的方法：

用于判断 FileItem 类对象封装的数据是否属于一个普通表单字段，还是属于一个文件表单字段，如果是普通表单字段则返回 true，否则返回 false。

```
public boolean isFormField()
```

用于获得文件上传字段中的文件名，如果 FileItem 类对象对应的是普通表单字段，getName() 方法将返回 null。

```
public String getName()
```

用于返回表单字段元素的 name 属性值。

```
public String getFieldName()
```

用于将 FileItem 对象中保存的主体内容保存到某个指定的文件中。

```
public void write(File file)
```

该方法用于将 FileItem 对象中保存的主体内容作为一个字符串返回。

```
public  String  getString()
```

用于获得上传文件的类型。

```
public String getContentType()
```

用来清空 FileItem 类对象中存放的主体内容，如果主体内容被保存在临时文件中，delete() 方法将删除该临时文件。

```
public void delete()
```

● FileUploadException

在文件上传过程中，可能发生各种各样的异常，例如网络中断、数据丢失等等。FileUploadException 是其他异常类的父类，其他几个类只是被间接调用的底层类，对于 Apache 组件调用人员来说，只需对 FileUploadException 异常类进行捕获和处理即可。

10.1.3　Commons FileUpload 的使用

这里通过具体事例来说明如何使用 Commons FileUpload 上传文件。

（1）创建表单页面 submit.jsp，提交上传请求。

（2）创建上传文件页面 fileUpload.jsp, 上传文件到指定的目录，并限定大小。

创建表单页面 submit.jsp, 将 form 表单的 enctype 属性设置为“multipart/form-data”，method 属性设置为“post”。表单页面如示例代码 10-1 所示。

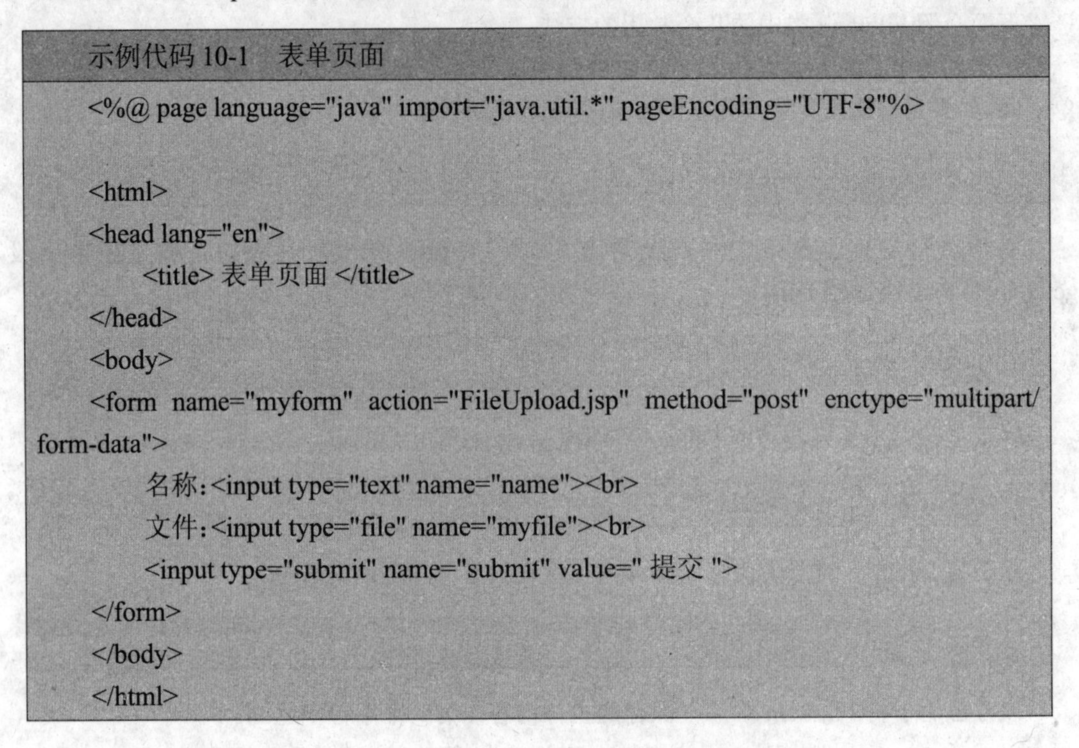

示例代码 10-1　表单页面

```
<%@ page language="java" import="java.util.*" pageEncoding="UTF-8"%>


<html>
<head lang="en">
    <title> 表单页面 </title>
</head>
<body>
<form name="myform" action="FileUpload.jsp" method="post" enctype="multipart/
form-data">
    名称：<input type="text" name="name"><br>
    文件：<input type="file" name="myfile"><br>
    <input type="submit" name="submit" value=" 提交 ">
</form>
</body>
</html>
```

程序运行结果如图 10-3。

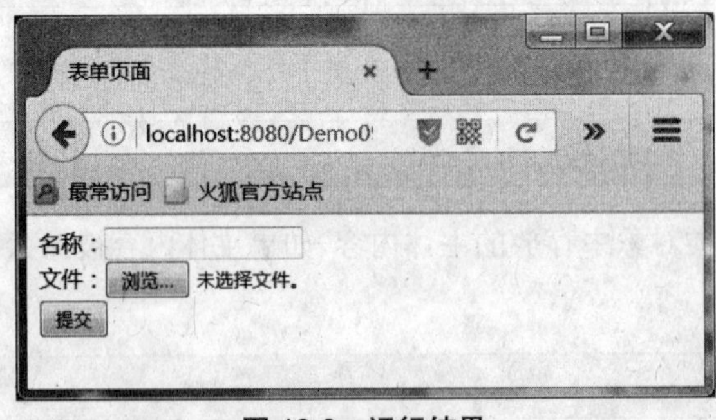

图 10-3　运行结果

FileUpload.jsp 中使用 ServletFileUpload 静态类来解析 request，工厂类 DiskFileItemFactory 会对 mulipart 类的表单中的所有字段进行处理，不只是 file 字段。表单处理页面如示例代码 10-2 所示。

示例代码 10-2　表单处理页面

```
<%@ page language="java"  pageEncoding="GB2312"%>
<%@ page import="org.apache.commons.fileupload.*"%>
<%@ page import="org.apache.commons.fileupload.Servlet.*"%>
<%@ page import="org.apache.commons.fileupload.disk.*"%>
<%@ page import="java.util.*"%>
<%@ page import="java.io.*"%>

<html>
  <head>
      <title>File upload</title>
  </head>
   <body>
    <%
      // 确定上传文件目录
      File path=new File("c:\\temp");
      if(!path.exists()){
      path.mkdirs();
      }
      // 确定临时文件目录
      File tempFilePath=new File("c:\\temp\\buffer\\");
      if(!tempFilePath.exists()){
      tempFilePath.mkdirs();
      }
      try{
      // 创建文件工厂
      DiskFileItemFactory factory=new DiskFileItemFactory();
      factory.setSizeThreshold(4096);// 设置缓冲区大小，这里是 4KB
      factory.setRepository(tempFilePath);// 设置缓冲区目录
      // 创建上传文件操作对象
    ServletFileUpload upload=new  ServletFileUpload(factory);
    // 限定上传文件大小
    upload.setSizeMax(4194304);// 设置最大文件尺寸，这里是 4MB
    // 得到所有的请求上传文件
    List<FileItem>items=upload.parseRequest(request);
    Iterator<FileItem>i=items.iterator();
```

```
            while(i.hasNext()){
            FileItem fi=(FileItem)i.next();
            // 检查当前项目是普通表单项目还是上传文件
            if(fi.isFormField()){
            // 如果是普通表单项目，现实表单内容
            String fieldName=fi.getFieldName();
            // 对应 submit.html 中的 type="text"name="name"
            if(fieldName.equals("name"))
            // 显示表单内容
            out.print("the field name is:" + fi.getString());
            }else{
            // 如果是上传文件，显示文件名，
            out.print("the upload name is:" + fi.getName());
            out.print("<br>");
            String fileName=fi.getName();
            if( fileName!=null){
            File fullFile=new File(fi.getName());
            File savedFile=new File(path,fullFile.getName());
            fi.write(savedFile);
            out.print(" 上传成功 ");
            }
            }
            out.print("<br>");
            }
            }catch(Exception e){
               e.printStackTrace();
            }
            %>
    </body>
</html>
```

程序运行结果如图 10-4 所示。

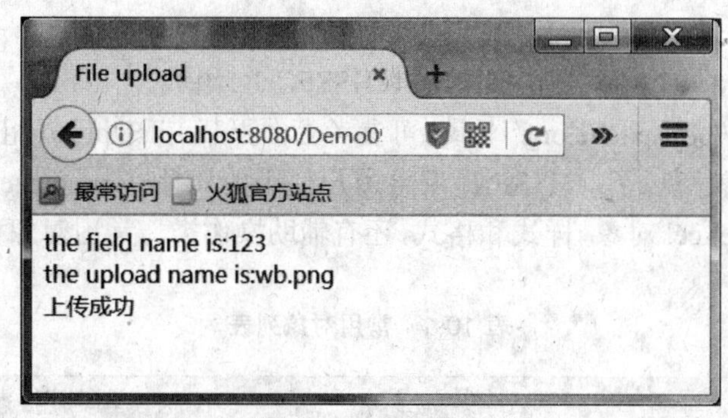

图 10-4　运行结果

打开“c:\\temp”就可以看到上传的文件了。

10.2　用 POI 与 Excel 交互

在企业办公系统中，常常有客户要求这样：你要把我们的报表直接用 Excel 打开（电信系统、银行系统等），那么 Java 里面有没有操作 Excel 的组件呢？答案是肯定的，下面就介绍一下 POI。Apache 的 Jakata 项目的 POI 子项目，目前比较成熟的是 HSSF 接口，处理 MSExcel 对象。它可以生成真正的 Excel 对象，可以控制一些属性如 sheet、cell 等。

10.2.1　HSSF 概况

POI 项目实现的 Excel 97 文件格式称为 HSSF——也许你已经猜到，HSSF 是 Horrible Spread Sheet Format 的缩写，也即“讨厌的电子表格格式”。也许 HSSF 的名字有点滑稽，就本质而言它是一个非常严肃、正规的 API。通过 HSSF，你可以用纯 Java 代码来读取、写入、修改 Excel 文件。

HSSF 为读取操作提供了两个 API：usermodel 和 eventusermodel，即“用户模型”和“事件 - 用户模型”。前者很好理解，后者比较抽象。它们主要有 org.apache.poi.hssf.usermodel 和 org.apache.poi.hssf.eventusermodel 包实现（在 HSSF 的早期版本中，org.apache.poi.hssf.eventusermodel 属于 eventmodel 包）。

usermodel 包把 Excel 文件映射成我们熟悉的结构，诸如 Workbook、Sheet、Row、Cell 等，它把整个结构以一组对象的形式保存在内存之中。eventusermodel 要求用户熟悉文件格式的底层结构，它的操作风格类似于 XML 的 SAX API 和 AWT 的事件模型（这就是 eventusermodel 名称的起源），要掌握窍门才能用好。另外，eventusermodel 的 API 只提供读取文件的功能，也就是说不能用这个 API 来修改文件。本章将重点讲解用 usermodel 的 API 与 Excel 文件进行交互。

10.2.2　主要对象介绍

首先，理解一下 Excel 文件的组织形式，一个 Excel 文件首先应有一个 Workbook

（HSSFWorkbook），一个 Workbook 可以有多个 sheet（HSSFSheet）组成，一个 sheet 是由多个 row（HSSFRow）组成，一个 row 是由多个 cell（HSSFCell）组成。

POI 可以在 http://poi.apache.org/ 下载（可参考上面下载 FileUpload 组件的方式）。实际运行时，需要有 POI 包就可以了。HSSF 提供给用户使用的对象在 org.apache.poi.hssf.usermodel 包中，主要成分包括 Excel 对象，样式和格式，还有辅助操作类。常用对象如表 10-1。

表 10-1 常用对象列表

对象	作用
HSSFWorkbook	Excel 的文档对象
HSSFSheet	Excel 的表单
HSSFRow	Excel 的行
HSSFCell	Excel 的单元格
HSSFFont	Excel 的字体
HSSFDataFormat	日期格式
HSSFCellStyle	Cell 样式

10.2.3 POI 读取 Excel

1. 写入 Excel

创建一个 HSSFWorkbook 示例，然后创建一个把文件写入磁盘的 OutputStream，延迟到处理结束时创建 OutputStream 也可以：

```
HSSFWorkbook wb = new HSSFWorkbook();
FileOutputStream fileOut = new FileOutputStream(String fileName);
wb.write(fileOut);
fileOut.close();
```

有了 HSSFWorkbook 对象后，我们就可以在工作簿上创建工作表，行列及单元格了：

```
HSSFSheet sheet = wb.createSheet();// 在工作簿上创建工作表
HSSFRow row = sheet.createRow(0);// 在索引 0 的位置创建行（最顶端的行）
HSSFCell cell = row.creatCell(0);// 在索引 0 的位置创建单元格
cell.setCellValue(1);// 设置单元格的值
row.createCell(1).setCellValue(1.2);
row.createCell(2).setCellValue(" 一个字符串 ");
row.createCell(3).setCellValue(true);
```

如果要设置单元格的样式，首先要创建一个样式对象，然后让单元格引用这个样式对象：

```
// 创建字体，红色、粗体
HSSFFont font = workbook.createFont();
font.setColor(HSSFFont.COLOR_RED);
font.setBoldweight(HSSFFont.BOLDWEIGHT_BOLD);
// 创建单元格的格式，如居中、左对齐等
HSSFCellStyle cellStyle = workbook.createCellStyle();
// 水平方向上居中对齐
cellStyle.setAlignment(HSSFCellStyle.ALIGN_CENTER);
// 垂直方向上居中对齐
cellStyle.setVerticalAlignment(HSSFCellStyle.VERTICAL_CENTER);
// 设置字体
cellStyle.setFont(font);
// 为单元格设置格式
cell.setCellStyle(cellStyle);
```

下面我们来看一个完整示例，POI 操作 Excel 如示例代码 10-3 所示。

示例代码 10-3　POI 操作 Excel

```
import java.io.File;
import java.io.FileOutputStream;
import java.util.Random;
import org.apache.poi.hssf.usermodel.HSSFCell;
import org.apache.poi.hssf.usermodel.HSSFCellStyle;
import org.apache.poi.hssf.usermodel.HSSFFont;
import org.apache.poi.hssf.usermodel.HSSFRow;
import org.apache.poi.hssf.usermodel.HSSFSheet;
import org.apache.poi.hssf.usermodel.HSSFWorkbook;
import org.apache.poi.ss.util.CellRangeAddress;
import java.io.*;
public class ExcelFile {
    // 新建一个 Excel 文件，里面添加 8 行 5 列的内容，存储学生成绩。再进行单元
格合并
    public void writeExcel(String fileName){
        String[] names={" 张三 "," 李四 "," 王五 "," 赵六 "," 田七 "};
        // 目标文件
        File file=new File(fileName);
        FileOutputStream fOut=null;
```

```
ry{
    // 创建新的 Excel 工作簿
    HSSFWorkbook workbook=new HSSFWorkbook();
    // 在 Excel 工作簿中建一工作表，其名为缺省值
    // 也可以指定工作簿的名字
    HSSFSheet sheet=workbook.createSheet("student");
    // 创建字体，红色、粗体
    HSSFFont font=workbook.createFont();
    font.setColor(HSSFFont.COLOR_RED);
    font.setBoldweight(HSSFFont.BOLDWEIGHT_BOLD);
    / 创建单元格的格式，如居中、左对齐等
    HSSFCellStyle cellStyle = workbook.createCellStyle();
    // 水平方向上居中对齐
    cellStyle.setAlignment(HSSFCellStyle.ALIGN_CENTER);
    // 垂直方向上居中对齐
    cellStyle.setVerticalAlignment(HSSFCellStyle.VERTICAL_CENTER);
    // 设置字体
    cellStyle.setFont(font);
    // 下面将建立一个 8 行 5 列的表。第一行为表头
    int rowNum=0;// 行标
    int colNum=0;// 列标
    // 建立表头信息
    // 在索引 0 的位置创建行（最顶端的行）
    HSSFRow row = sheet.createRow(rowNum);
    // 单元格
    HSSFCell cell=null;
    // 合并单元格
    // 先创建 2 行 5 列的单元格，然后将这些单元格合并为 1 个大单元格
    rowNum=0;
    for(;rowNum<2;rowNum++){
        row=sheet.createRow(rowNum);
        for(colNum=0;colNum<5;colNum++){
            // 在当前行的 colNum 位置创建单元格
            cell=row.createCell(colNum);
        }
    }
    // 建立一个大单元格，高度为 2，宽度为 5
    rowNum=0;
```

```
colNum=0;
CellRangeAddress cellR=new
CellRangeAddress(rowNum,(rowNum+1),colNum,(colNum+4));
sheet.addMergedRegion(cellR);
// 获得第一个大单元格
cell=sheet.getRow(rowNum).getCell(colNum);
cell.setCellStyle(cellStyle);
cell.setCellValue(" 学生成绩表 ");
rowNum=rowNum+2;
row=sheet.createRow(rowNum);
for(colNum=0;colNum<5;colNum++){
    // 在当前行的 colNum 列上创建单元格
cell=row.createCell(colNum);
    // 定义单元格为字符类型，也可以指定为日期类型、数字类型
    cell.setCellType(HSSFCell.CELL_TYPE_STRING);
    // 为单元格设置格式
    cell.setCellStyle(cellStyle);
    // 添加内容至单元格
    cell.setCellValue(names[colNum]);
}
rowNum++;
for(;rowNum<8;rowNum++){
    // 新建第 rowNum 行
    row=sheet.createRow(rowNum);
    for(colNum=0;colNum<5;colNum++){
        // 在当前行的 colNum 位置创建单元格
        cell=row.createCell(colNum);
        // 生成随机数，模拟学生成绩
        Random r=new Random();
        int num=r.nextInt(100);
        cell.setCellValue(num);
    }
}
// 工作簿建立完成，下面将工作簿存入文件
// 新建一输出文件流
fOut=new FileOutputStream(file);
// 把相应的 Excel 工作簿存盘
workbook.write(fOut);
```

```
                fOut.flush();
                // 操作结束,关闭文件
                fOut.close();
                System.out.println("Excel 文件生成成功! Excel 文件名: "+file.getAbso-
lutePath());
            }catch(Exception e){
                System.out.println("Excel 文件 "+file.getAbsolutePath()+" 生成失败: "+e);
        }finally{
         if(fOut!=null){
                try{
                    fOut.close();
                }catch(IOException e1){
                }
            }
        }
    }
    public static void main(String[] args) throws Exception{
        ExcelFile excel=new ExcelFile();
        String fileName="c:/temp/temp.xls";
        excel.writeExcel(fileName);
    }
}
```

程序运行后,将生成 Excel 报表,效果如图 10-5 所示。

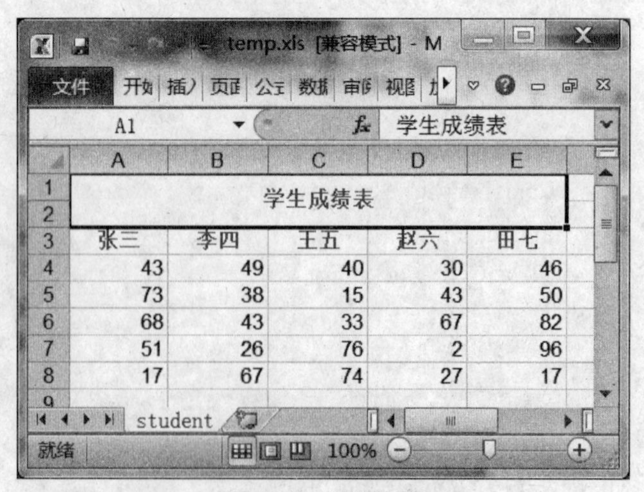

图 10-5 运行结果

2. 读取 Excel 文件

生成一个 Excel 文件以后，我们可以通过 POI 读取 Excel 文件。

用 HSSF 的 usermodel 读取文件很简单。首先创建一个 InputStream，然后创建一个 HSSFWorkbook 示例：

```
InputStream myxls = new FileInputStream（String fileName）；
HSSFWorkbook wb = new HSSFWorkbook（myxls）；
```

有了 HSSFWorkbook 示例，接下来就可以提取工作表、工作表的行和列，例如：

```
HSSFSheet sheet = wb.getSheetAt(0);   // 第一个工作表
HSSFRow row = sheet.getRow(2);   // 第三行
HSSFCell cell = row.getCell(3);   // 第四个单元格
```

上面这段代码提取出第一个工作表第三行第四单元格。利用单元格对象可以获得它的值，提取单元格的值时请注意它的类型：

```
// 判断单元格的格式
switch(cell.getCellType()){
case HSSFCell.CELL_TYPE_NUMERIC:
    System.out.print(" 单元格是数字，值是："+cell.getNumericCellValue()+"\t");
    //getNumericCellValue() 会回传 double 值，若不希望出现小数点，请自行转型
为 int
break;
case HSSFCell.CELL_TYPE_STRING:
System.out.print(" 单元格是字符串，值是："+cell.getSringCellValue()+"\t”);
break;
default:
System.out.print(" 格式不明确 ");
break;
}
```

如果搞错了数据类型，程序将遇到异常。特别地，用 HSSF 处理日期数据要小心。Excel 内部以数值的形式保存日期数据，区别日期数据的唯一办法是通过单元格的格式。

因此，对于包含日期数据的单元格，cell.getCellType() 将返回 HSSFCell.CELL_TYPE_NUMERIC，不过利用工具函数 HSSFDateUtil.isCellDateFormatted(cell) 可以判断出单元格的值是否为日期。isCellDateFormatted 函数通过比较单元格的日期和 Excel 的内置日期格式得出结论。

下面我们来看一个 POI 读取 Excel 文件的完整示例，使用 POI 读取 Excel 文件如示例代码 10-4 所示。

示例代码 10-4　使用 POI 读取 Excel 文件

```
import java.io.File;
import java.io.FileInputStream;
import java.io.IOException;
import java.poi.file.*;
import org.apache.poi.hssf.usermodel.HSSFCell;
import org.apache.poi.hssf.usermodel.HSSFRow;
import org.apache.poi.hssf.usermodel.HSSFSheet;
import org.apache.poi.hssf.usermodel.HSSFWorkbook;
public class ReadExcel {
    // 读 Excel 文件内容
    public void readExcel(String fileName){
        File file=new File(fileName);
        FileInputStream in=null;
        try{
            // 创建对 Excel 工作簿文件的引用
            in=new FileInputStream(file);
            HSSFWorkbook workbook=new HSSFWorkbook(in);
            // 创建对工作表的引用
            // 这里使用按名引用
            HSSFSheet sheet=workbook.getSheet("student");
                // 也可用 getSheetAt(int index) 按索引引用，在 Excel 文档中，
        第一张工作表的缺省索引是 0，// 其语句为：
            HSSFSheet sheet1=workbook.getSheetAt(0);
            // 下面读取 Excel 的数据
            System.out.println(" 下 面 是 Excel 文 件 "+file.getAbsolutePath()+" 的
内容：");
            HSSFRow row=null;
            HSSFCell cell=null;
            int rowNum=0; // 行标
            int colNum=0;// 列标
            for(;rowNum<8;rowNum++){
                // 获取第 rowNum 行
                row=sheet1.getRow(rowNum);
                for(colNum=0;colNum<5;colNum++){
                    // 获取当前行的 colNum 位置的单元格
                    cell=row.getCell(colNum);
                    // 判断单元格格式
```

```
                    switch(cell.getCellType()){
                    case HSSFCell.CELL_TYPE_NUMERIC:
                        System.out.print((int)cell.getNumericCellValue()+"\t");
                                //getNumericCellValue() 返回 double 类型值
                                    break;
                    case HSSFCell.CELL_TYPE_STRING:
                        System.out.print(cell.getStringCellValue()+"\t");
                        break;
                    case HSSFCell.CELL_TYPE_FORMULA:
                        System.out.print((int)cell.getNumericCellValue()+"\t");
                        // 读出公式单元格计算后的值
                        // 若要读出公式内容,可用 cell.getCellFormula()
                        break;
                        default:
                        break;
                    }
                }
                // 换行
                System.out.println();
            }
            in.close();
        }catch(Exception e){
            System.out.println(" 读取 Excel 文件 "+file.getAbsolutePath()+" 失败:"+e);
        }finally{
            if(in!=null){
                try{
                    in.close();
                }catch (IOException e1){
                }
            }
        }
    }
    public static void main(String[]args) throws Exception{
        ReadExcel excel=new ReadExcel();
        String fileName="c:/temp/temp.xls";
        excel.readExcel(fileName);
    }
}
```

程序运行结果如图 10-6。

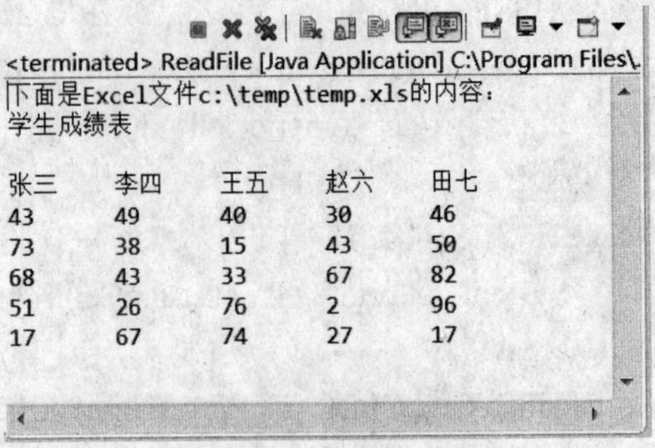

```
<terminated> ReadFile [Java Application] C:\Program Files\.
下面是Excel文件c:\temp\temp.xls的内容:
学生成绩表

张三    李四    王五    赵六    田七
43      49      40      30      46
73      38      15      43      50
68      43      33      67      82
51      26      76      2       96
17      67      74      27      17
```

图 10-6　运行结果

10.3　小结

- ✓ 学习了另一些 Java 应用中的新技术。
- ✓ 了解了利用 Apache 的 Commons FileUpload 组件实现文件上传。
- ✓ 学习利用 POI 操作 Excel。

10.4　英语角

field　　字段
upload　　上传
format　　形式,格式
cell　　单元

10.5　作业

利用 POI 操作 Excel 表格。

10.6　思考题

通过 POI 访问 Excel 得到的信息能不能输出到 JSP 页面上？

10.7　学员回顾内容

1. 使用 POI 操作 Excel 的步骤。
2. 如何在 JSP 中上传文件。

上机部分

第 1 章　异常

本阶段目标

✧ 了解使用异常的原因。
✧ 掌握 try...throw 和 catch 块检测、指出和处理异常。
✧ 应用自定义异常和预定义异常。

本阶段给出的步骤全面详细，请学员按照给出的上机步骤独立完成上机练习，以达到要求的学习目标。请认真完成下列步骤。

1.1　指导(1 小时 10 分钟)

1.1.1　异常的应用

在处理事情时能够顺利处理好是我们最大的心愿，然而，现实却不是这样子的，总是会有这样那样的问题出现，需要人们去处理和预防，例如：警察是预防和处理犯罪的，同样的道理 Java 程序有时也会“出问题”，时常程序报错，需要我们定义“警察机制”，在 Java 中异常处理机制就是我们的 Java 问题处理机制，在本指导中我们主要知道怎么样应用 Java 程序错误处理机制——提高程序的健壮性。

题目一：自定义一个异常，当执行某个操作（如：某个数小于固定值）的时候，抛出自定义的异常。

要求：

自定义异常。

打印输出异常信息。

使用 try ... catch 机制。

使用 try ... catch ... finally 机制。

使用 Eclipse 根据调试程序。

第一步：为了能使用自定义异常，首先我们必须定义自己的异常。如示例代码 1-1 所示。

在该程序片段中我们自定义了一个异常：SpecialException，调试我们自定义的异常继承了 Exception 类。

在该程序片段我们定义的异常类的构造方法有两个（重载），第一个方法体为空，第二个构造函数的方法体使用父类 Exception 的构造函数。

示例代码 1-1　自定义异常

```
public class SpecialException extends Exception{
    public SpecialException(){};
    public SpecialException(String msg){super(msg);}
}
```

第二步：为了让我们的定义的异常能够应用到 Java 应用程序中去，我们由简入繁。首先我们定义一个类，这个类必须包含产生异常对象，并且直接抛出异常，同时为了能够在 Eclipse 工具上调试，我们的类包含应用程序的入口方法。如示例代码 1-2 所示。

示例代码 1-2　使用自定义异常

```
public class Sample{
    public void methodA(int money) throws SpecialException{
        if(money<=0) throw new SpecialException("out of money");
        System.out.println("methodA");
    }
    public void methodB(int money) throws SpecialException{
        methodA(money);
        System.out.println(methodB);
    }
    public static void main(String args[]) throws SpecialException{
        new Sample().methodB(1);
    }
}
```

在该程序片段中，定义了类 Sample，该类中定义了 methodA() 方法，该方法产生我们已定义好的 SpecialException 异常，并且如果发生异常，抛出该异常；而在 methodB() 方法中，仅调用 methodA() 方法，如果 methodA() 方法抛出异常，那么 methodB() 也抛出异常，同样的道理 main() 方法也一样。也就是说我们的这个类目前只能产生异常和抛出异常。

第三步：我们使用 Eclipse 工具执行以上程序代码，运行结果如图 1-1 所示。

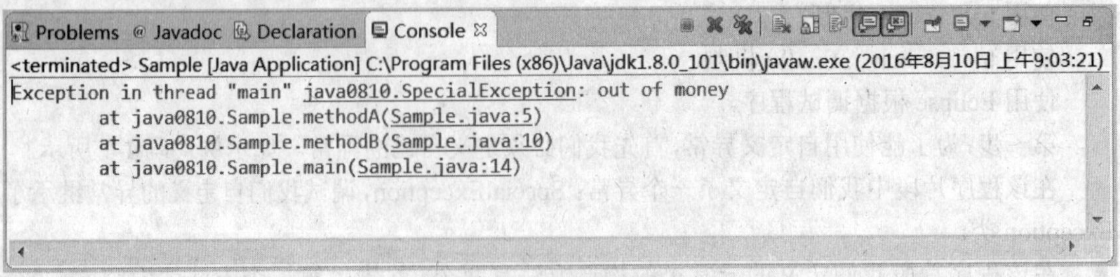

```
Problems  Javadoc  Declaration  Console
<terminated> Sample [Java Application] C:\Program Files (x86)\Java\jdk1.8.0_101\bin\javaw.exe (2016年8月10日 上午9:03:21)
Exception in thread "main" java0810.SpecialException: out of money
        at java0810.Sample.methodA(Sample.java:5)
        at java0810.Sample.methodB(Sample.java:10)
        at java0810.Sample.main(Sample.java:14)
```

图 1-1　运行结果

从运行结果中我们可以看到程序并未运行成功，而是报出异常，原因是“new Sample().methodB(1);”语句输入的值为 1，导致方法 methodA() 产生异常，并且异常一直逐级抛出，直至 main() 方法，导致程序直接退出运行。

我们更改“new Sample().methodB(1);”语句为“new Sample().methodB(2);”，运行结果如图 1-2 所示。

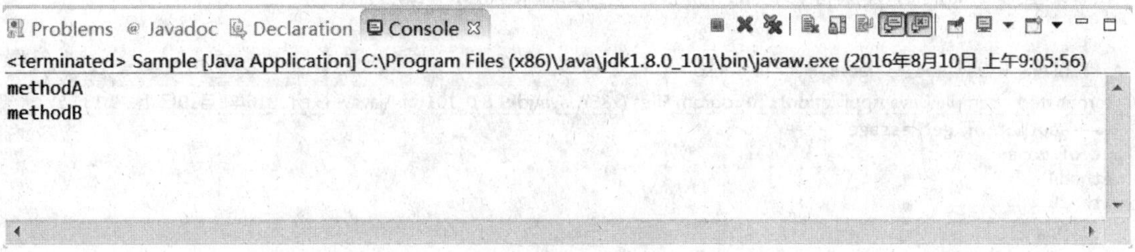

Problems @ Javadoc Declaration Console

<terminated> Sample [Java Application] C:\Program Files (x86)\Java\jdk1.8.0_101\bin\javaw.exe (2016年8月10日 上午9:05:56)

```
methodA
methodB
```

图 1-2　运行结果

程序运行成功，没有抛出异常，方法都执行成功。

第四步：我们根据题目的要求使用 try ... catch 机制，该机制用于捕捉异常。我们可以把该机制应用于 methodA() 方法中，在产生异常的地方，也可以在 methodA() 方法产生异常，然后抛出异常，在外层 methodB() 方法中去捕捉和处理异常，以此类推。

修改程序如示例代码 1-3 所示。

示例代码 1-3　捕获自定义异常

```
public class Sample {
    public void methodA(int money){
        try{
            if(money<=0)
                throw new SpecialException("out of money");
            else{
                System.out.println("-------else-------");
            }
        }catch(Exception e){
            System.out.println("------output of getMessage------");
            System.out.println(e.getMessage());
        }
        System.out.println("methodA");
    }
    public void methodB(int money) throws SpecialException{
        methodA(money);
        System.out.println("methodB");
    }
}
```

```
        public static void main(String args[]) throws SpecialException{
            new Sample().methodB(1);
        }
    }
```

第五步：我们再次执行修改后的程序，运行结果如图 1-3 所示。

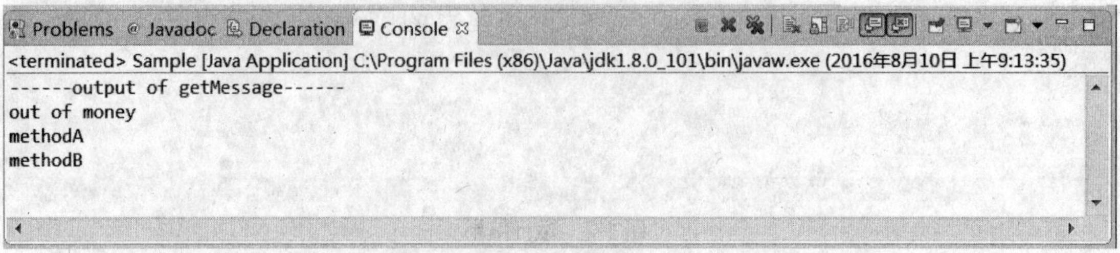

```
Problems  @ Javadoc  Declaration  Console
<terminated> Sample [Java Application] C:\Program Files (x86)\Java\jdk1.8.0_101\bin\javaw.exe (2016年8月10日 上午9:13:35)
------output of getMessage------
out of money
methodA
methodB
```

图 1-3　运行结果

从结果我们知道通过 try ... catch 机制捕获异常，同时显示错误信息“out of money”，处理错误。

第六步：为必须执行的程序加上 finally 机制。

修改程序如下：

```
    public void methodA(int money){
            try{
                if(money<=0)
                    throw new SpecialException("out of money");
                else{
                    System.out.println("-------else-------");
                }
            }catch(Exception e){
                System.out.println("------output of getMessage------");
                System.out.println(e.getMessage());
            }
            finally{
                System.out.println("finally");
            }
            System.out.println("methodA");
    }
```

第七步：再次执行加入 finally 机制的程序，运行结果如图 1-4 所示。

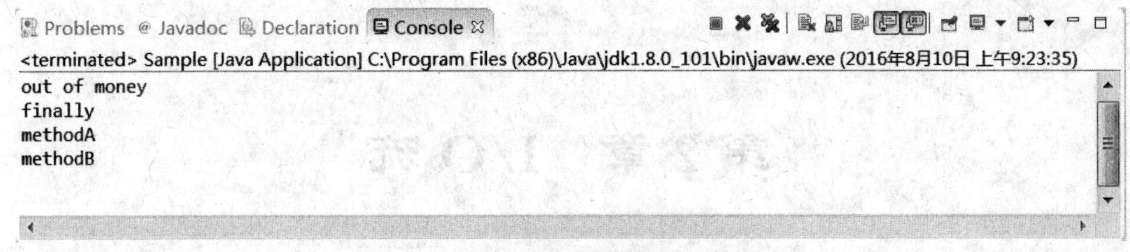

图 1-4　运行结果

该步显示 finally 机制在发生异常或不发生异常的情况都会执行。

至此我们定义了异常，同时使用了自定义的异常，分别使程序在异常情况下和非异常情况下运行，并得出了运行结论。在此基础上运用了 try ... catch ... finally 机制。

1.2　练习（50 分钟）

在以上指导程序的基础上加入使用预定义异常的程序。

要求：

加入一个单独的方法来处理新加入的“使用预定义异常的程序”。

使用 Eclipse 工具执行运行出异常的执行结果。

使用 try ... catch 捕捉和处理预定义的异常。

应用运行时机制。

1.3　作业

1. 如果 try 块没有抛出异常，则在该 try 块结束执行时控制会转移到哪里？
2. 使用 catch(Exception e) 的好处是什么？
3. 如果有几个 catch 块都与抛出的异常类型相匹配，则会产生什么结果？

第 2 章　I/O 流

本阶段目标

✧ 理解 I/O 的概念和分类。
✧ 灵活应用字节流。
✧ 灵活应用字符流。

本阶段给出的步骤全面详细，请学员按照给出的上机步骤独立完成上机练习，以达到要求的学习目标。请认真完成下列步骤。

2.1　指导(1 小时 10 分钟)

2.1.1　Java I/O 应用之一：字节流的应用

程序与外部交换信息，例如从文件中读入数据到程序中加以处理，或者在文件中写入数据等。程序与外部进行数据交换的动作主要有 read() 和 write() 方法。下面我们以 PipedInput-Stream 类（管道输入流）为例，我们进行读写管道，以熟悉 read() 和 write() 方法。

题目：定义一管道输入流，由一个线程向管道输出流写数据，由另外一个线程从管道流中读取数据，以实现使用管道在两个线程间通信。

要求：主要体会如何使用 I/O read() 和 write() 方法。

第一步：为了实现流的操作，我们使用包含如下程序：

```
import java.io.*;
import java.util.*;
```

第二步：我们在该程序片断定义一个线程，在该线程中定义一个管道输出流，然后往该管道输出流写入数据，如下程序片断所示：

```
class Sender extends Thread {
    private PipedOutputStream out=new PipedOutputStream();
    public PipedOutputStream getPipedOutputStream(){
        return out;
    }
    public void run(){
        try{
            for(int i=-127;i<=128;i++){
                out.wait();
                yield();
            }
            out.close();
        }catch(Exception e){
            throw new RuntimeException(e);
        }
    }
}
```

第三步:我们根据第二步的操作,定义一个管道输入流读数据线程,如下程序所示:

```
public class Receiver extends Thread{
    private PipedInputStream in;
    public Receiver(Sender sender) throws IOException{
        in=new PipedInputStream(sender.getPipedOutputStream());
    }
    public void run(){
        try{
            int data;
            while((data=in.read())!=-1)
                System.out.println(data);
            in.close();
        }catch(Exception e){
            throw new RuntimeException(e);
        }
    }
```

第四步:为了应用我们的程序,需要在类 Receiver 中加入 main() 方法,在该方法中启动线程,程序如下所示:

```
public static void main(String args[]) throws Exception{
Sender sender = new Sender();
Receiver reveiver = new Receiver(serder);
Sender.start();
Reveiver.start();
```

第五步：组合创建的完整程序如下所示：

```
import java.io.*;
import java.util.*;

class Sender extends Thread {
    private PipedOutputStream out=new PipedOutputStream();
    public PipedOutputStream getPipedOutputStream(){
        return out;
    }
    public void run(){
        try{
            for(int i=-127;i<=128;i++){
                out.wait();
                yield();
            }
            out.close();
        }catch(Exception e){
            throw new RuntimeException(e);
        }
    }
}

public class Receiver extends Thread{
    private PipedInputStream in;
    public Receiver(Sender sender) throws IOException{
        in=new PipedInputStream(sender.getPipedOutputStream());
    }
    public void run(){
        try{
            int data;
            while((data=in.read())!=-1)
                System.out.println(data);
```

```
                in.close();
            }catch(Exception e){
                throw new RuntimeException(e);
            }
        }
        public static void main(String args[]) throws IOException{
            Sender sender=new Sender();
            Receiver receiver=new Receiver(sender);
            sender.start();
            receiver.start();
        }
    }
```

小结：线程 Sender 向管道输出流中写字节，线程 Receiver 从管道输入流中读取字节。线程 Sender 输出的字节序列与线程 Receiver 读入的字节序列相同。

2.1.2　Java I/O 应用之二：字符流的应用

由于人们在处理程序的外部数据的时候往往按字符处理，就是说读入的是字符，写出的也是字符，和字节流不一样（如：read() 方法从输入流读取一个 8 位的字节，把它转化为：0~255 之间的整数），读入和写出的都是字符，在项目实践中，我们经常需要读写文件，例如：把文件里的数据读入程序加入处理，然后把处理的数据写入文件等。

题目：定义一个类，类中定义如下方法：

（1）从文件中逐行读取字符串，然后输出。

（2）从一个文件中把字符串拷贝入另外一个文件中。

第一步：源文件包含 I/O 类库程序片断如下：

```
import java.io.*;
```

第二步：实现类的逐行读文件的方法，然后打印出来，程序如下所示：

```
public void readFile(String filename) throws IOException{
    InputStream in=new FileInputStream(filename);
    InputStreamReader reader;
    reader=new InputStreamReader(in);
    BufferedReader br=new BufferedReader(reader);
    String data;
    while((data=br.readLine())!=null)
    System.out.println(data);
    br.close();
}
```

在以上程序片断中使用了 BufferedReader 的 readLine() 方法以加快数据的读取效率，实现整行读取。

第三步：在实际工程中，我们经常用到文件的拷贝功能，为此我们实现类（FileUtil）的文件拷贝方法如下所示：

```
public void copyFile(String from,String to) throws IOException{
        InputStream in=new FileInputStream(from);
        InputStreamReader reader;
        reader=new InputStreamReader(in);
        BufferedReader br=new BufferedReader(reader);

        OutputStream out=new FileOutputStream(to);
        OutputStreamWriter writer=new OutputStreamWriter(out);
        BufferedWriter bw=new BufferedWriter(writer);
        PrintWriter pw=new PrintWriter(bw,true);

        String data;
        while((data=br.readLine())!=null)
            pw.println(data);
        br.close();
        pw.close();
  }
```

第四步：在类 FileUtil 中加入 main() 方法，以便程序能够执行功能，方法如下所示：

```
public static void main(String[] args) throws IOException {
FileUtil util=new FileUtil();
util.readFile("D:\\test.txt");
util.copyFile("D:\\test.txt", "D:\\out.txt");
util.readFile("D:\\out.txt");
}
```

第五步：把以上程序组成完整的方法如下所示：

```
import java.io.*;
public class FileUtil {
    public void readFile(String filename) throws IOException{
        InputStream in=new FileInputStream(filename);
        InputStreamReader reader;
        reader=new InputStreamReader(in);
        BufferedReader br=new BufferedReader(reader);
        String data;
        while((data=br.readLine())!=null)
            System.out.println(data);
        br.close();
    }
    public void copyFile(String from,String to) throws IOException{
        InputStream in=new FileInputStream(from);
        InputStreamReader reader;
        reader=new InputStreamReader(in);
        BufferedReader br=new BufferedReader(reader);
        OutputStream out=new FileOutputStream(to);
        OutputStreamWriter writer=new OutputStreamWriter(out);
        BufferedWriter bw=new BufferedWriter(writer);
        PrintWriter pw=new PrintWriter(bw,true);
        String data;
        while((data=br.readLine())!=null)
            pw.println(data);
        br.close();
        pw.close();
    }
    public static void main(String[] args) throws IOException {
        FileUtil util=new FileUtil();
        util.readFile("D:\\test.txt");
        util.copyFile("D:\\test.txt", "D:\\out.txt");
        util.readFile("D:\\out.txt");
    }
}
```

第六步：准备文件“D:\\test.txt”，如：

```
1234567
ABCDEF
abcdef
```

2.2 练习(50分钟)

1. 一个字节数组(byte[]),如:[2,15,67,-1,-9,9],请使用 ByteArrayInputStream 类型对象读入,然后输出(用 System.out.print() 方法)读入的数据。

提示:ByteArrayInputStream 类的使用方法,请同学们参考 API。

2. 有一字符串“avcd1 好”,请用 StringReader 读入,然后用 Sytem.out.println() 方法输出。

2.3 作业

1.Reader 类具有读取 float 和 double 类型的数据的方法吗?

2. 如果希望从键盘读取一行数据,应该怎么建立输入流?

第 3 章 JDBC(一)

本阶段目标

✧ 了解 JDBC 的四类驱动。

✧ 理解 JDBC 的访问方式。

✧ 掌握基本数据库访问。

✧ 理解 JDBC 中异常。

本阶段给出的步骤全面详细，请学员按照给出的上机步骤独立完成上机练习，以达到要求的学习目标。请认真完成下列步骤。

3.1 指导(1 小时 10 分钟)

3.1.1 JDBC 基本应用

我们实际软件项目开发的时候总是需要存储数据的，例如，我们到银行存款，我们的账户信息、交易流水信息、账户异常信息等情况都被记录在后台数据库里头了。为了实现与数据库打交道，针对我们的 Java 程序需要有与之打交道的“点”，这个点就是 JDBC，本指导将讲述怎样操作数据库。

题目：在企业员工信息系统中，我们需要记录员工信息。员工信息如表 3-1 所示（为了演示我们的操作，我们这里简要定义我们的信息系统员工信息表），假如我们需要往员工信息表里插入数据，并且输出插入的结果。

要求：往员工信息表插入数据并输出插入的结果。

Info 数据库员工信息表如表 3-1 所示。

表 3-1 员工信息表(EMP)

字段名	中文名	是否为空	字段类型	字段大小
empno	雇员号	非空	int	4
ename	雇员名称		varchar	10
job	工种		varchar	9

续表

字段名	中文名	是否为空	字段类型	字段大小
mgr	管理者		int	
hiredate	雇用日期		date	
sal	薪水		decimal	7,2
comm	补助		decimal	7,2
deptno	部门号		int	

第一步：我们的程序需要操作数据库，所以我们需要将操作 MySQL 数据库所需的驱动导入到我们的项目中，如图 3-1 所示。

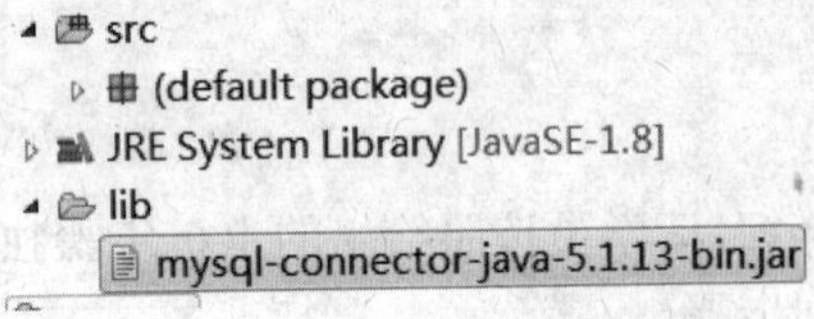

```
▲ src
  ▷ (default package)
▷ JRE System Library [JavaSE-1.8]
▲ lib
    mysql-connector-java-5.1.13-bin.jar
```

图 3-1 MySQL 数据库驱动导入

右击选择 Build Path → Add to Build Path，驱动包导入成功后如图 3-2 所示。

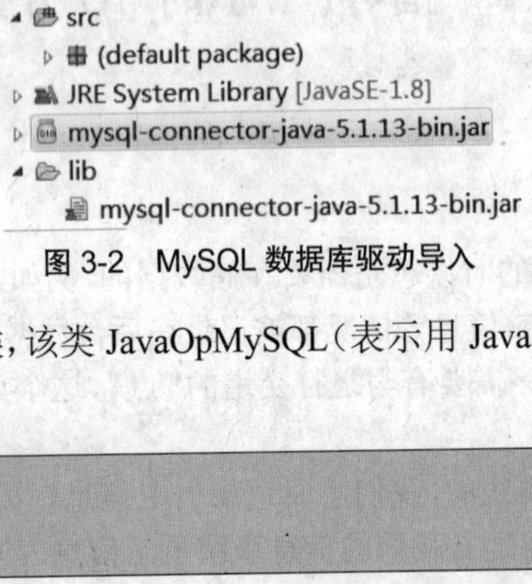

```
▲ src
  ▷ (default package)
▷ JRE System Library [JavaSE-1.8]
▷ mysql-connector-java-5.1.13-bin.jar
▲ lib
    mysql-connector-java-5.1.13-bin.jar
```

图 3-2 MySQL 数据库驱动导入

第二步：我们定义一个类，该类 JavaOpMySQL（表示用 Java 程序操作 MySQL 数据库），类的框架如下：

```
class JavaOpMySQL{
}
```

第三步：为了执行数据库操作（如：新增数据、修改数据、删除数据等 DML 操作及其他操作）需要建立应用程序与 MySQL 数据库之间的连接，指定数据库连接信息如下所示：

```
String url = "jdbc:mysql://localhost/Info"
```

以上程序 url 对象指定了数据库连接信息依次如下：

jdbc：数据库驱动采用 JDBC 驱动；

mysql：操作的数据库类型是 MySQL 数据库；

localhost：指定数据库就在本机；

Info：MySQL 数据库名；

第四步：我们需要建立与数据库的联系，程序如下：

```
String url = "jdbc: mysql:// localhost /Info";
Connection con;
    System.out.println(" 正在连接数据库 ");
        Class.forName(name);
        con = DriverManager.getConnection(url, user, password);
        System.out.println(" 数据库已连接 ");
```

第五步：为了往数据表 EMP 中插入数据，我们需要对数据库操作准备 SQL 语句，程序如下：

```
Statement stmt=con.createStatement();
stmt.executeUpdate("INSERT INTO EMP  (empno,ename,sal,comm,deptno)
 values(9999,'LIMING',10000.00,0,10)");
```

第六步：把第五步插入的数据查询出来，程序如下：

```
String query="SELECT empno,ename FROM EMP";
            stmt.executeQuery(query);
            ResultSet rs=stmt.getResultSet();
            while(rs.next()){
                int i=rs.getInt(1);
                String name=rs.getString(2);
                System.out.println(Integer.toString(i)+"  "+name);
            }
```

第七步：释放数据库资源，程序如下：

```
rs.close();
stmt.close();
con.close();
```

第八步：对数据库的增加或删除需要检测其是否发生异常，程序如下：

```
try{
    …// 所有数据库操作
}catch(Exception en)
{
    System.out.println(" 数据库有错 ");
    System.out.println(en.getMessage());
    en.printStackTrace();
    }
```

第九步：组合并稍加改进以上程序，并且置于应用程序入口的 main() 方法中，整个程序如示例代码 3-1 所示。

示例代码 3-1　JDBC 操作 MySQL 数据库

```
package p204;
import java.sql.*;
public class JavaOpMySQL {
        static String url = "jdbc:mysql:// localhost /Info";
        static String name = "com. mysql.jdbc.Driver";
        static String user = "root";
        static String password = "root";
    public static void main(String[] args) {
        Connection con;
         try{
            System.out.println(" 正在连接数据库 ");
            Class.forName(name);
            con = DriverManager.getConnection(url, user, password);
            System.out.println(" 数据库已连接 ");
            Statement stmt=con.createStatement();
            stmt.executeUpdate("INSERT INTO EMP (empno,ename,sal,comm,deptno)
values(9999,'LIMING',10000.00,0,10)");
            String query="SELECT empno,ename FROM EMP";
            stmt.executeQuery(query);
            ResultSet rs=stmt.getResultSet();
            while(rs.next()){
                int i=rs.getInt(1);
                String name=rs.getString(2);
                System.out.println(Integer.toString(i)+"  "+name);
            }
            rs.close();
```

```
                stmt.close();
                con.close();
            }catch(Exception en){
                while(en!=null){
                    System.out.println(" 数据库有错 ");
                    System.out.println(en.getMessage());
                    en.printStackTrace();
                }
            }
        }
    }
```

3.2　练习(50 分钟)

请直接应用以上示例，作出修改，把 INSERT 记录进行修改，把其工资由 10000 改为 12000，用程序实现。

3.3　作业

根据以上示例，将 EMP 表的数据迁移到是 Access 数据库当中，其中 Access 数据库中表的结构和 EMP 表中的结构相同。

第 4 章　JDBC(二)

本阶段目标

✧ 了解预制语句的原理。
✧ 掌握预制语句的使用。
✧ 理解 JDBC 中事务的处理。
✧ 掌握 JavaBean 的创建。

本阶段给出的步骤全面详细，请学员按照给出的上机步骤独立完成上机练习，以达到要求的学习目标。请认真完成下列步骤。

4.1　指导(1 小时 10 分钟)

JDBC 高级应用

在实际项目中，我们经常遇到如下情况：

(1)需要根据输入(客户端界面传入数据)数据作为参数然后去查询数据库数据，或者根据参数去修改数据库数据等；

(2)我们需要灵活、主动地控制我们的数据库事务操作。

针对以上情况我们在本指导中主要讲解怎样使用“准备好(PreparedStatement)”对象和事务控制。

题目：根据以下数据库表，我们定义一个 JavaBean 封装记录数据(为了简化操作，我们这里只使用下表的：empno、ename、sal、deptno 字段)，实现以下功能：

(1)往数据库里插入一条新数据记录；

(2)然后根据员工号修改该插入的数据记录；

(3)根据员工号查询数据库记录；

(4)根据员工号删除插入的记录

要求：对数据库的增加、删除、修改、查询记录也用 JavaBean 来实现。

员工信息如表 4-1 所示。

表 4-1　员工信息表

字段名	中文名	是否为空	字段类型	字段大小
empno	雇员号	非空	int	4
ename	雇员名称		varchar	10
job	工种		varchar	9
mgr	管理者		int	
hiredate	雇用日期		date	
sal	薪水		decimal	7,2
comm	补助		decimal	7,2
deptno	部门号		int	

第一步：由于我们需要使用 JavaBean 来封装我们的记录信息，即使用 setXXX() 或 getXXX() 方法来设置和获取记录信息，我们定义一个类 EmpInfo(JavaBean) 来封装我们的数据信息，如示例代码 4-1 所示。

示例代码 4-1　使用 JavaBean 封装记录信息

```
package JBPackage;
class EmpInfo {
        protected int Empno;
        protected String Ename;
        protected double Sal;
        protected int Deptno;

        public int getDeptno() {
              return Deptno;
        }
        public void setDeptno(int deptno) {
              Deptno = deptno;
        }
        public int getEmpno() {
              return Empno;
        }
        public void setEmpno(int empno) {
              Empno = empno;
        }
```

```
    public String getEname() {
            return Ename;
        }
        public void setEname(String ename) {
            Ename = ename;
        }
        public double getSal() {
            return Sal;
        }
        public void setSal(double sal) {
            Sal = sal;
        }
}
```

第二步：按照题目的要求，我们需要定义一个对数据库操作的 JavaBean(DbOpEmp)，如示例代码 4-2 所示。

示例代码 4-2 对数据库操作的 JavaBean

```
package JBPackage;
import java.sql.*;
public class DbOpEmp {
    public void insertToDB(EmpInfo empinfo,Connection con){
        try{
            String sql="INSERT INTO EMP(empno,ename,sal,deptno)VALUES(?,?,?,?)";
            PreparedStatement ps=con.prepareStatement(sql);
            ps.setInt(1,empinfo.getEmpno());
            ps.setString(2, empinfo.getEname());
            ps.setDouble(3, empinfo.getSal());
            ps.setInt(4, empinfo.getDeptno());
            ps.executeUpdate();
            ps.close();
        }catch(Exception e){
            e.printStackTrace();
        }
    }
        public void updateToDB(EmpInfo empinfo,Connection con){
        try{
            String sql="UPDATE EMP SET ename=?,sal=?,deptno=? WHERE empno=?";
```

```
                PreparedStatement ps=con.prepareStatement(sql);
                ps.setString(1, empinfo.getEname());
                ps.setDouble(2, empinfo.getSal());
                ps.setInt(3, empinfo.getDeptno());
                ps.setInt(4, empinfo.getEmpno());
                ps.executeUpdate();
                ps.close();
            }catch(Exception e){
                e.printStackTrace();
            }
        }
        public void deleteToDB(EmpInfo empinfo,Connection con){
            try{
                String sql="DELETE FROM EMP WHERE empno=?";
                PreparedStatement ps=con.prepareStatement(sql);
                ps.setInt(1, empinfo.getEmpno());
                ps.executeUpdate();
                ps.close();
            }catch(Exception e){
                e.printStackTrace();
            }
        }
        public void selectToDB(EmpInfo empinfo,Connection con){
            try{
                String sql="SELECT empno,ename,sal,deptno FROM EMP WHERE Empno=?";
                PreparedStatement ps=con.prepareStatement(sql);
                ps.setInt(1, empinfo.getEmpno());
                ResultSet rs=ps.executeQuery();
                while(rs.next()){
                    System.out.println(" 记录内容：      "+rs.getInt(1)+"      "+rs.getS-
hort(2)+"    "+rs.getDouble(3)+"   "+rs.getInt(4));
                }
            ps.close();
            }catch(Exception e){
                e.printStackTrace();
            }
        }
    }
```

第三步：为了执行 Java 应用程序，我们定义一个包含程序入口的 main 方法的类：JBClass，如示例代码 4-3 所示。

示例代码 4-3　定义包含入口的 main 方法的类 JBClass

```
package p208;
import java.sql.*;
public class JBClass {
static String url = "jdbc:mysql:// localhost /Info";
      static String name = "com. mysql.jdbc.Driver";
      static String user = "root";
      static String password = "root";
    public static void main(String[] args) {
        Connection con;
         try{
            System.out.println(" 正在连接数据库 ");
            Class.forName(name);
            con = DriverManager.getConnection(url, user, password);
            System.out.println(" 数据库已连接 ");
            EmpInfo empinfo=new EmpInfo();
            empinfo.setEmpno(9999);
            empinfo.setEname("Liming");
            empinfo.setSal(10000.00);
            empinfo.setDeptno(99);

            DbOpEmp dbopemp=new DbOpEmp();
            dbopemp.INSERTTODB(empinfo, con);
            dbopemp.UPDATETODB(empinfo, con);
            dbopemp.DELETETODB(empinfo, con);
            dbopemp.SELECTTODB(empinfo, con);
            con.close();
        }catch(Exception e){
            System.out.printl(e.getMessage());
        }
    }
}
```

4.2　练习(50 分钟)

1. 扩展以上指导,使对表 EMP 操作的字段数由 4 个增加到 6 个或以上。
2. 修改以上指导,使得数据库连接操作作为连接工厂,从而简化程序,降低程序的耦合度。

4.3　作业

本指导中为何使用 PreparedStatement 对象而不使用 Statement 对象?

第 5 章　Web 运行模式：Tomcat

本阶段目标

✧ 安装使用 Tomcat 服务。
✧ 配置 Eclipse。
✧ 创建第一个 Web 应用。

本阶段给出的步骤全面详细，请学员按照给出的上机步骤独立完成上机练习，以达到要求的学习目标。请认真完成下列步骤。

5.1　指导(1 小时 10 分钟)

安装 Tomcat

在开始安装之前，先准备 JDK 和 Tomcat 两个软件，如果已经安装了 JDK，就只需 Tomcat 即可。

运行 apache-tomcat-7.0.70.exe，按照提示安装，如图 5-1 所示。

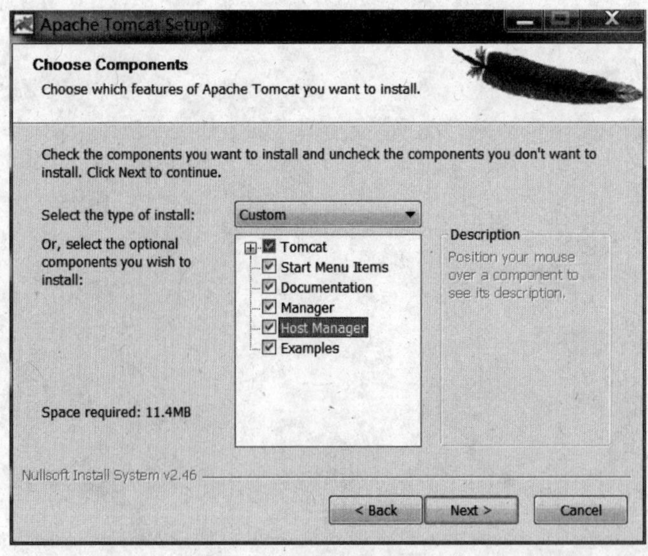

图 5-1　Tomcat 安装(一)

如果要改变安装路径，可以按图 5-2 所示步骤操作。

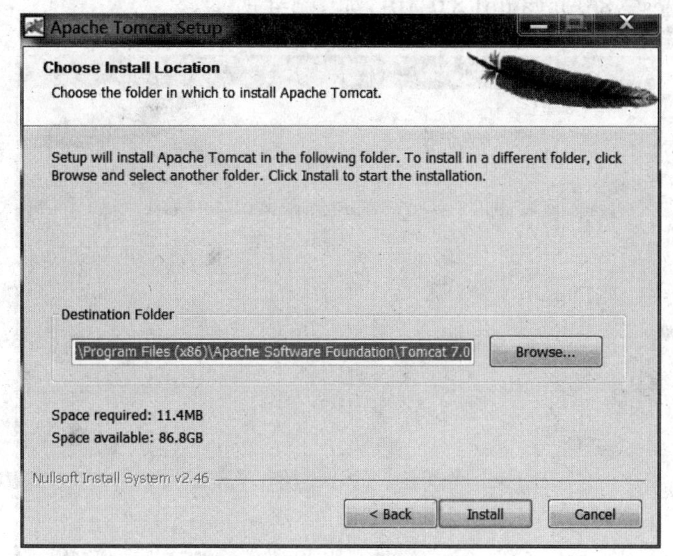

图 5-2 Tomcat 安装（二）

在这里设置 Tomcat 使用的端口以及 Web 管理界面用户名和密码，请确保该端口未被其他程序占用。参见图 5-3。

Apache Tomcat Setup: Configuration Options

Configuration

Tomcat basic configuration.

Server Shutdown Port 8005

HTTP/1.1 Connector Port 8080

AJP/1.3 Connector Port 8009

Windows Service Name Tomcat7

Create shortcuts for all users

Tomcat Administrator Login (optional) User Name admin

Password •••••

Roles admin-gui,manager-gui

Nullsoft Install System v2.46

< Back Next > Cancel

图 5-3 Tomcat 安装（三）

选择 JDK 的安装路径，安装程序会自动搜索，如果没有正确显示，则可以手工修改，这里改为 C:\ProgramFiles(X86)\Java\jre1.8.0_101，如图 5-4 所示。

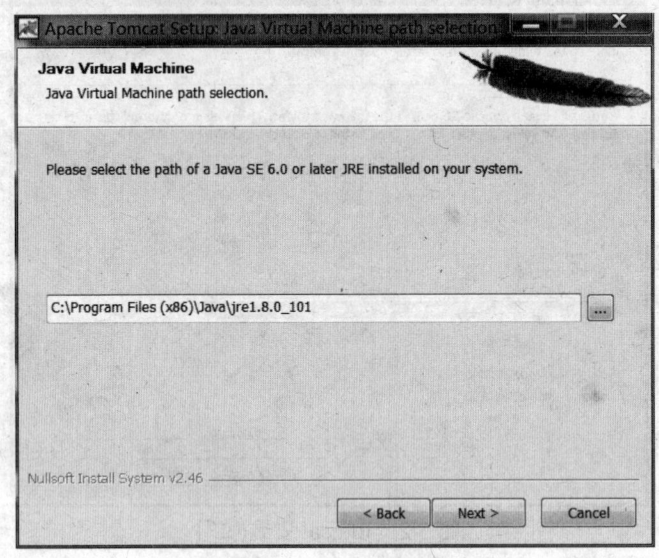

图 5-4 Tomcat 安装(四)

接下来就开始拷贝文件了，成功安装后，程序会提示启动 Tomcat 并查看 readme 文档。Tomcat 正常启动后会在系统栏加载图标。如图 5-5 所示。

图 5-5 Tomcat 任务栏图标

至此安装与配置都已完成，打开浏览器输入：http://localhost:8080 可看到如图 5-6 所示的 Tomcat 欢迎界面。

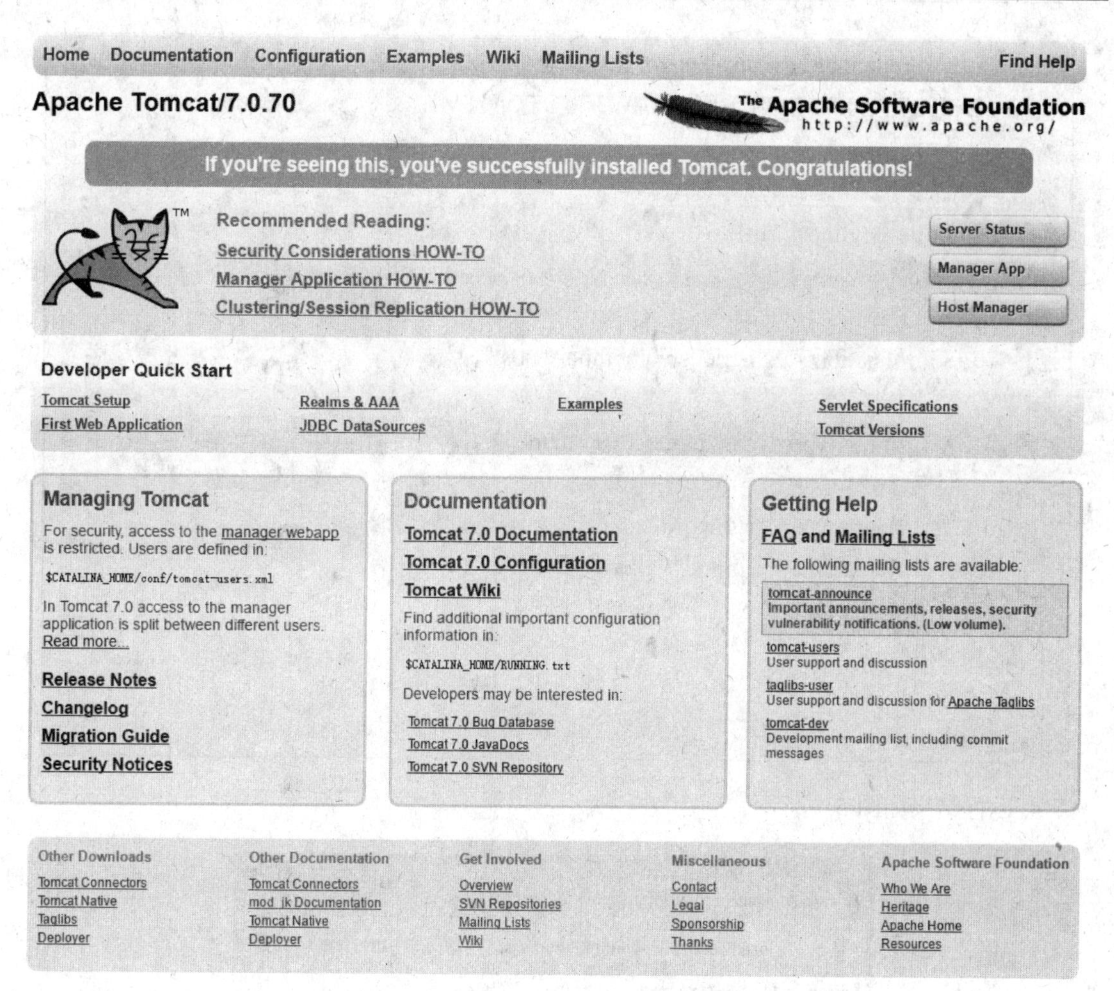

图 5-6　Tomcat 欢迎界面

5.2　练习（50 分钟）

1. 打开 Eclipse 创建一个 Web 工程，名为 HelloWorld。

2. 在工程中创建一个 JSP 页面，页面名称为 login.jsp。

3. 修改其中代码，然后将第一行中的 pageEncoding 的属性值改为“GB2312”，即国家编码 2312 号，使页面能够正确地显示汉字字符。并且在 BODY 部分添加下述的代码：

```
<%@ page language="java" pageEncoding="GB2312"%>
<!DOCTYPE HTML PUBLIC "-//W3C//DTD HTML 4.01 Transitional//EN">
  <html>
  <head>
    <title>login.jsp</title>
  </head>
  <body>
    <form action="validate.jsp" method="post">
      用户名：
       <input type="text" name="username">
      密码：
       <input type="password" name="password">
       <input type="submit" value=" 提交 ">
       <input type="reset" value=" 取消 ">
    </form>
  </body>
</html>
```

4. 运行结果如图5-7所示。

图5-7 运行结果

5.3 作业

试着动手部署JSP至Web服务器。

用记事本编写练习中的代码，并且保存为login.jsp。将其拷贝到图5-8所示的demo目录中，然后启动Tomcat，如图5-9所示。

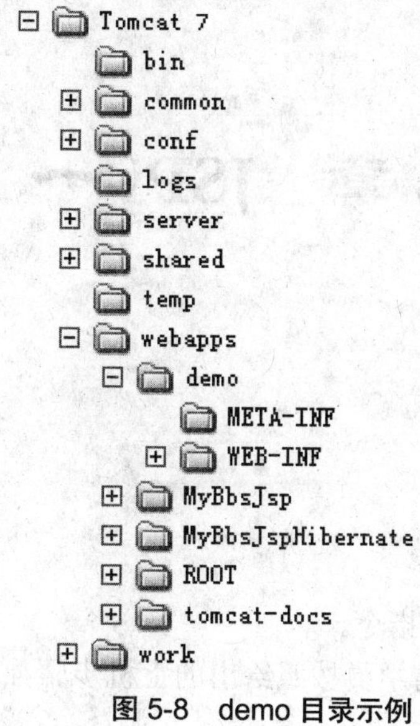

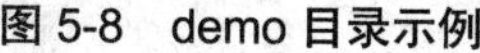
图 5-8　demo 目录示例

图 5-9　启动 Tomcat 服务器

打开浏览器，输入正确的地址：http://localhost:8080/demo/login.jsp。可以得到和图 5-7 相同的页面。

第 6 章 JSP(一)

本阶段目标

✧ 了解 JSP 页面的基本构成。
✧ 理解 JSP 各部分的定义方式。
✧ 掌握 JSP 的 page 和 include 指令。

本阶段给出的步骤全面详细,请学员按照给出的上机步骤独立完成上机练习,以达到要求的学习目标。请认真完成下列步骤。

6.1 指导(1 小时 10 分钟)

脚本

在 JSP 中定义一个函数,仅供页面内访问。

(1)首先在脚本元素中声明函数。

```
<%! private String getString(){
      return "Hello JSP";
}
%>
```

(2)在需要函数调用的地方,利用表达式将函数调用的返回值输出。

```
<H1><center><%=getString()%></center></H1>
```

完整的代码参见示例代码 6-1。

示例代码 6-1　函数调用页面

```
<%@ page language="java" contentType="text/html; charset=GB2312" pageEncoding
="GB2312"%>
    <%!private String getString(){return "Hello JSP";} %>
<html>
<head>
<title> 函数调用页面 </title>
</head>
<body>
<h1>
<center><%=getString() %></center>
</h1>
</body>
</html>
```

运行结果如图 6-1 所示。

图 6-1　运行结果

6.2　page 指令

Page 指令为当前页面设置错误处理页面。

（1）首先创建一个错误显示页面 error.jsp，用于显示错误。将该页面 page 指令中的 isErrorPage 属性设置为 true。参见示例代码 6-2。

示例代码 6-2 错误处理页面

```
<%@ page language="java" import="java.util.*" pageEncoding="GB2312" isErrorPage
="true"%>
<html>
  <head>
    <title> 错误处理页面 </title>
  </head>
  <body>
    <table width="800">
    <tr><td><%@include file="menu.jsp" %></td></tr>
    <hr width="800">
    <tr><td><br></td></tr><tr><td><br></td></tr>
    <tr><td><h1> 对不起，当前页面发生错误！ </h1></td></tr>
    </table>
  </body>
</html>
```

（2）然后在需要进行错误处理的页面中，将 page 指令中的 errorPage 属性值设置为第一步所创建出来的页面。

```
<%@ page language="java" import="java.util.*" pageEncoding="GB2312" errorPage
="error.jsp"%>
```

showError.jsp 如示例代码 6-3 所示。

示例代码 6-3 产生错误页面 showError.jsp

```
<%@ page language="java" import="java.util.*" pageEncoding="GB2312" errorPage=
"error.jsp"%>
<html>
  <head>
    <title> 产生错误 </title>
  </head>
  <body>
<table width="800">
<tr><td><%@include file="menu.jsp" %></td></tr>
    <hr width="800">
    <tr><td><br></td></tr><tr><td><br></td></tr>
    <tr><td><%=Integer.parseInt("ABC") %></td></tr>
```

```
</table>
  </body>
</html>
```

如果该页面发生异常,则不会显示 Tomcat 的异常提示,如图 6-2 所示。

图 6-2 运行结果

include 指令

利用 include 指令将 menu.jsp、版本信息页面、主显示页面 list.jsp 等包含在一个主页面中。

(1)menu.jsp 菜单页面

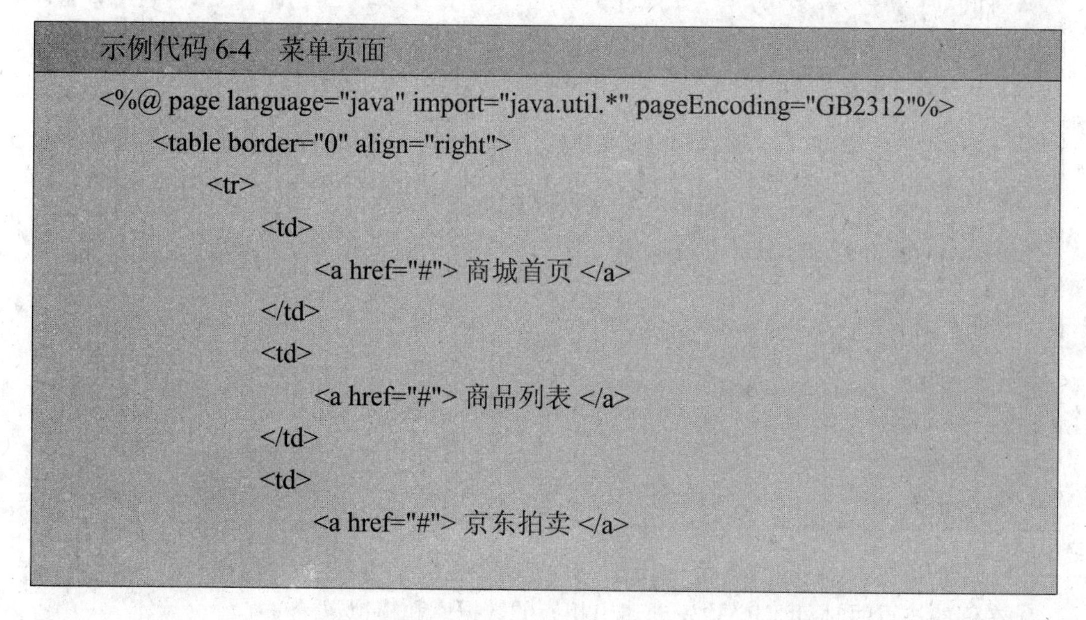

示例代码 6-4 菜单页面

```
<%@ page language="java" import="java.util.*" pageEncoding="GB2312"%>
    <table border="0" align="right">
        <tr>
            <td>
                <a href="#"> 商城首页 </a>
            </td>
            <td>
                <a href="#"> 商品列表 </a>
            </td>
            <td>
                <a href="#"> 京东拍卖 </a>
```

```
                </td>
                <td>
                    <a href="#"> 购物车 </a>
                </td>
                <td>
                    <a href="#"> 我的京东 </a>
                </td>
                <td>
                    <a href="#"> 品牌专卖 </a>
                </td>
                <td>
                    <a href="#"> 特价商品 </a>
                </td>
            </tr>
        </table>
```

（2）创建版本信息页面：copyright.jsp

示例代码 6-5　版本信息页面

```
<%@ page language="java" import="java.util.*" pageEncoding="GB2312"%>
<html>
  <body>
    <table align="center">
      <tr>
        <td align="center">
          <font> 天津迅腾滨海科技有限公司版权所有 <br>Copyright &copy;2010
www.xt-kj.com Inc. All rights reserved
          </font>
        </td>
      </tr>
    </table>
  </body>
</html>
```

（3）创建用于显示商品的页面 list.jsp

①在创建该页面时，我们必须先创建出相应的数据库和模拟记录

```
create table item(
    Pid varchar(20),
    Pname varchar(50),
    Photo varchar(20),
    Price number(7,2),
    Priceoff number(7,2)
)
INSERT INTO ITEMS values ('001','IdeaPad S10-3c(H)',2499.00,1999.00,'pic/1.gif');
INSERT INTO ITEMS values ('002','IdeaPad U460A-ITH(T)',4999.00,3999.00,'pic/2.gif');
INSERT INTO ITEMS values ('003',' Z360A-ITH(A)',5199.00,4159.00,'pic/3.gif');
INSERT INTO ITEMS values ('004',' Z460A-ITH',4499.00,3599.00,'pic/4.gif');
```

②创建描述产品的 JavaBean: Item.java

示例代码 6-6　JavaBean

```
package JavaBean;
public class Item {
    private String pid="";
    private String pname="";
    private String photo="";
    private double price=0.0;
    private double pricebyoff=0.0;
    public Item(){
    }
    public Item(String vpid,String vpname,double vprice,double vpricebyoff,String
vphoto){
        pid=vpid;
        pname=vpname;
        photo=vphoto;
        price=vprice;
        pricebyoff=vpricebyoff;
    }
    public String getPhoto() {
        return photo;
    }
    public void setPhoto(String photo) {
        this.photo = photo;
    }
```

```
        public String getPid() {
            return pid;
        }
        public void setPid(String pid) {
            this.pid = pid;
        }
        public String getPname() {
            return pname;
        }
        public void setPname(String pname) {
            this.pname = pname;
        }
      public double getPrice() {
            return price;
        }
        public void setPrice(double price) {
            this.price = price;
        }
        public double getPricebyoff() {
            return pricebyoff;
        }
        public void setPricebyoff(double pricebyoff) {
            this.pricebyoff = pricebyoff;
        }
}
```

③创建访问数据库的连接工厂类 ConnectionFactory.java

示例代码 6-7 数据库连接工厂类

```
package DB;
import java.sql.*;
public class ConnectionFactory {
private static ConnectionFactory ref=new ConnectionFactory();
    private ConnectionFactory(){
        try{
            Class.forName("oracle.jdbc.driver.OracleDriver");
        }
```

```
        catch(ClassNotFoundException e){
                System.out.println("ERROR:exception loading driver class");
            }
    }
    public static Connection getConnection() throws SQLException{
        String url="jdbc:oracle:thin:@server:1521:wish";
        return DriverManager.getConnection(url,"scott","tiger");
    }
    public static void close(ResultSet rs){
        try{
            rs.close();
        }catch(Exception ignored){}
    }
    public static void close(Statement stmt){
        try{
            stmt.close();
        }catch(Exception ignored){}
    }
    public static void close(Connection con){
        try{
            con.close();
        }catch(Exception ignored){}
    }
}
```

④创建数据库访问方法类 DBoperator.java

示例代码 6-8　数据库访问方法类

```
import java.util.*;
import java.sql.*;
import com.sun.jndi.url.corbaname.corbanameURLContextFactory;
import JavaBean.Item;
public class DBoperator {
```

```
    public static ArrayList getItems(){
        ArrayList list=new ArrayList();
        Item item=null;
        try{
            Connection con=ConnectionFactory.getConnection();
            Statement stmt=con.createStatement();
            ResultSet rs=stmt.executeQuery("SELECT * FROM ITEMS");
            while(rs.next()){
                item=new
Item(rs.getString(1),rs.getString(2),rs.getDouble(3),rs.getDouble(4),rs.getString(5));
                list.add(item);
            }
            ConnectionFactory.close(stmt);
            ConnectionFactory.close(rs);
            ConnectionFactory.close(con);
        }catch(SQLException e){
            System.out.println(e.getMessage());
        }
        return list;
    }
    public static void main(String []args){
        ArrayList list=DBoperator.getItems();
        Iterator it=list.iterator();
        while(it.hasNext()){
            Item item=(Item)it.next();
            System.out.println(item.getPhoto());
        }
    }
}
```

⑤创建产品显示页面：list.jsp

示例代码 6-9 显示产品页面信息

```
<%@ page language="java" import="java.util.*,DB.*,JavaBean.*" pageEncoding="GB
2312"%>
<%
    ArrayList list=DBoperator.getItems();
    Iterator it=list.iterator();
    Item item;
%>
<table border="1" width="80%" bordercolor="green">
    <caption>
        产品目录
    </caption>
    <tr align="center">
        <th>
            产品图片
        </th>
        <th>
            产品名称
        </th>
        <th>
            产品单价
        </th>
        <th>
            折后价格
        </th>
        <th>
            购买
        </th>
    </tr>
    <%
        while(it.hasNext()){
        item=(Item)it.next();
    %>
    <tr align="center">
        <td>
            img src="<%=item.getPhoto() %>" width="40" height="80">
        </td>
        <td>
```

```
                    <%=item.getPname() %>
                </td>
                <td>
                    <font color="red"><strike><%=item.getPrice() %></strike></font>
                </td>
                <td>
                    <%=item.getPricebyoff() %>
                </td>
                <td>
                    <form action="CookiesDemo" method="get">
                        <input type="hidden" name="pid" value="<%=item.getPid() %>">
                        <input type="submit" value=" 购买 ">
                    </form>
                </td>
            </tr>
            <%} %>
        </table>
```

（4）最后是包含了各部分的主页面 index.jsp

示例代码 6-10　主页面

```
<%@ page language="java" import="java.util.*" pageEncoding="GB2312"
contentType="text/html;charset=GB2312"%>
<html>
  <head>
    <title> 产品演示 </title>
  </head>
  <body>
    <table width="800" align="center">
    <tr><td><%@include file="menu.jsp" %></td></tr>
    <hr width=800>
    <tr><td><br></td></tr><tr><td><br></td></tr>
    <tr><td><%@include file="list.jsp"%></td></tr>
    <tr><td align="center"><%@include file="copyright.jsp" %></td></tr>
    </table>
  </body>
</html>
```

在 Web 服务器上部署后，访问 http://localhost:8080/L06/index.jsp 路径得到的页面如

图 6-3 所示。

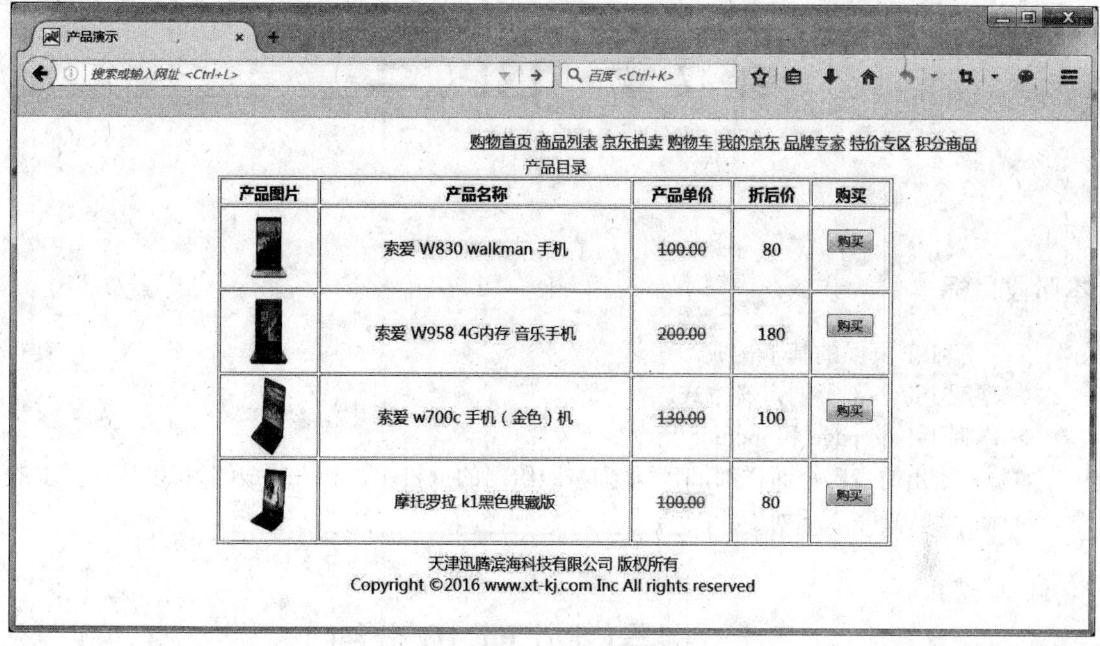

图 6-3　运行结果

6.3　练习(50 分钟)

创建论坛的菜单部分和数据库访问组件。

提示：论坛菜单部分包括：登录、注册、搜索、风格、博客、论坛状态、论坛展区、我能做什么。数据库访问组件，主要是创建论坛涉及的数据库表格、模拟记录以及相应的 JavaBean。

6.4　作业

创建论坛中主题显示页面 list.jsp，用于显示论坛中发帖的主题，发帖人，发帖时间等。

第 7 章　JSP(二)

本阶段目标

✧ 了解 JSP 页面的基本构成。
✧ 理解 JSP 各部分的定义方式。
✧ 掌握 JSP 的 page 和 include 指令。

本阶段给出的步骤全面详细，请学员们按照给出的上机步骤独立完成练习，以达到要求的学习目标。请认真完成下列步骤。

7.1　指导(1 小时 10 分钟)

7.1.1　out 对象

利用 out 对象输出 login 界面。

将 login 界面 form 表单组织成字符串，然后输出。如示例代码 7-1 所示。

示例代码 7-1　out 对象的使用

```
<%@ page language="java" contentType="text/html; charset=UTF-8"
    pageEncoding="UTF-8"%>
<!DOCTYPE html PUBLIC "-//W3C//DTD HTML 4.01 Transitional//EN" "http://www.w3.org/TR/html4/loose.dtd">
<html>
<head>
<title>Login.jsp</title>
</head>
<body>
```

```
<%
out.println("<html><head><title>out 对象 </title></head></html>");
out.println("<form action='response01.jsp' method='get'>");
out.println(" 用户名：<input type='text' name='username'/>");
out.println(" 密码：<input type='password' name='password'/>");
out.println("<input type='submit' value=' 提交 '");
out.println("<input type='reset' value=' 取消 '");
out.println("</body></html>");
%>
</body>
</html>
```

界面效果如图 7-1 所示。

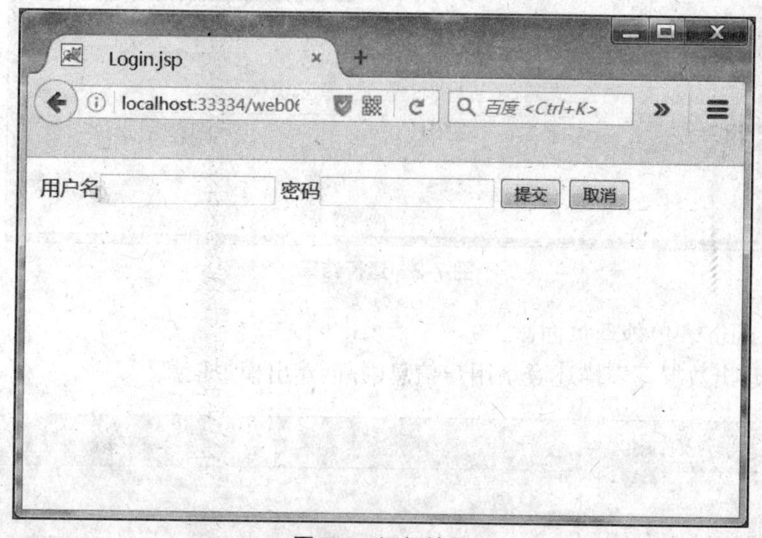

图 7-1　运行结果

7.1.2　request 对象

利用 request 对象获得用户登录时输入的内容，和数据库中存储的客户信息相验证。

首先创建客户端登录页面 login.jsp，指明其中 form 表单的处理页面为 loginDB.jsp。如示例代码 7-2 所示。

示例代码 7-2　登录界面

```
<%@ page language="java" pageEncoding="gb2312"%>
<html>
    <head>
    </head>
```

```
        <body>
            <form action="loginDB.jsp" method="get">
                用户名 <input type="text" name="username" size="20">
                密码 <input type="password" name="userpassword">
                <input type="submit" value=" 提交 ">
                <a href="register.html"> 注册 </a>
            </form>
        </body>
    </html>
```

界面效果如图 7-2 所示。

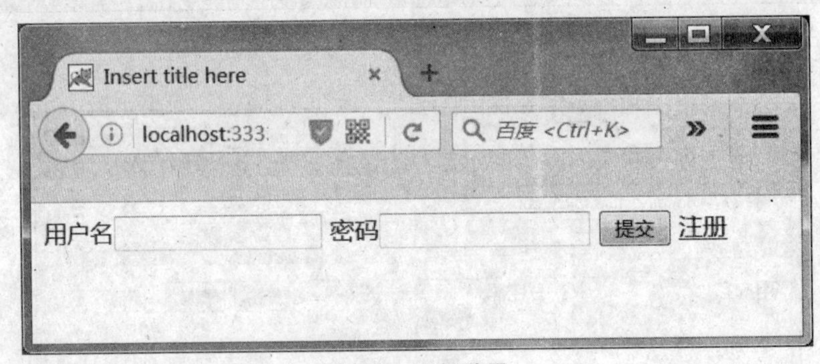

图 7-2 运行结果

接着创建 form 表单处理页面。

①需要创建出数据库表描述登录用户信息,并创建出模拟信息。

示例代码 7-3 用户信息表

```
Create
Table Users
(
    loginID varchar(20),
    name varchar(20),
    password varchar(20),
    type varchar(20)
);
INSERT INTO USERS values ('superman',' 张三 ','123456',' 普通 ');
INSERT INTO USERS values ('xunteng,' 迅腾 ','123456','vip');
```

②需要编写用户名验证的数据库访问方法,这一方法可以放在上一阶段的 DBoperator 类中。

```
public static boolean userValidate(String name,String pass)
    {
        boolean flag=false;
        Connection con=null;
        PreparedStatement ps=null;
        ResultSet rs=null;
        try {
            con=ConnectionFactory.getConnection();
            String sql="SELECT password FROM Users WHERE loginID=?";
            ps=con.prepareStatement(sql);
            ps.setString(1,name);
            rs=ps.executeQuery();
            if(rs.next())
            {
                String password=rs.getString("password");
                if(password.equals(pass))
                {
                    flag=true;
                }
            }
        } catch (SQLException e) {
            // TODO Auto-generated catch block
            e.printStackTrace();
        }finally{
            ConnectionFactory.close(rs);
            ConnectionFactory.close(ps);
            ConnectionFactory.close(con);
        }
        return flag;
    }
```

③最后创建表单处理页面。

```
<%
    String name=request.getParameter("username");
    String pass=request.getParameter("userpassword");
    if(DBoperator.userValidate(name,pass)){
        out.println(" 欢迎光临 "+name);
    }else{
```

```
            out.println(" 密码错误 ");
        }
    %>
```

实现用户注册功能。

①注册的时候首先要考虑该用户名是否已经被注册过了，我们可以在 DBoperator 中用一个方法来检测。如果没有注册则返回 true。

```
public static boolean checkName(String loginID)
    {
        Connection con=null;
        PreparedStatement ps=null;
        ResultSet set=null;
        boolean flag=false;
        try {
            con=ConnectionFactory.getConnection();
            String sql="SELECT * FROM Users WHERE loginID=?";
            ps=con.prepareStatement(sql);
            ps.setString(1,loginID);
            set=ps.executeQuery();
            if(set.next()==false)
            {
                flag=true;
            }
        } catch (SQLException e) {
                System.out.println(e.getMessage());
        }finally{
                ConnectionFactory.close(set);
                ConnectionFactory.close(ps);
                ConnectionFactory.close(con);
        }
        return flag;
    }
```

②用户名是否存在，这一信息不仅程序需要知道，用户也需要知道，所以要有一个机制将这一信息返回给用户。利用前面异常的知识，我们创建一个用户定义异常 UserException 来描述这一错误。如示例代码 7-4 所示。

示例代码 7-4　用户代码信息表

```
public class UserException extends Exception{
    String message;
    public UserException(String msg){
        message=new String(msg);
    }
    public String getMessage(){
        return message;
    }
}
```

③然后添加用户注册信息写入数据库的方法，该方法在用户名重复的时候会抛出自定义异常。这一异常可被 JSP 页面捕获，并加以显示。

```
    public static void registerUser(String loginID,String username,String pass,String type)
throws Exception
        {
            if(checkName(loginID)==false)
            {
                UserException e=new UserException(" 名称已存在 ");
                throw e;
            }
            else
            {
                Connection con=null;
                PreparedStatement ps=null;
                try {
                    String sql="INSERT INTO Users values(?,?,?,?)";
                    con=ConnectionFactory.getConnection();
                    ps=con.prepareStatement(sql);
                    ps.setString(1, loginID);
                    ps.setString(2, username);
                    ps.setString(3, pass);
                    ps.setString(4,type);
                    ps.executeUpdate();

            } catch (SQLException e) {
                    System.out.println(e);
                }
```

```
                finally{
                    ConnectionFactory.close(ps);
                    ConnectionFactory.close(con);
                }
            }
        }
```

④创建用于用户注册输入的页面 register.html。编写简单的客户端脚本判断用户填写的密码是否一致。如示例代码 7-5 所示。

示例代码 7-5　用户注册页面

```
<%@ page language="java" contentType="text/html; charset=UTF-8"  pageEncod-
ing="UTF-8"%>
<!DOCTYPE HTML PUBLIC "-//W3C//DTD HTML 4.01 Transitional//EN">
<html>
 <head>
    <title>register.html</title>
  <Script language="JavaScript">
      function check()
      {
        if(document.rigister.loginID.value=="")
        {
          alert(" 用户名不能为空 ");
          return false;
        }
        if(document.rigister.password1.value!=document.rigister.password2.value)
        {
          alert(" 密码不一致 ");
          return false;
        }
      }
  </Script>
  </head>
  <body>
    <center>
      <form name="rigister" action="register.jsp" method="post"
      onsubmit="return check()">
          <table>
              <caption> 用户注册 </caption>
```

```
            <tr>
                <td> 用户名 </td>
                <td><input type="text" name="loginID"></td>
            </tr>
            <tr>
            <td> 真实姓名 </td>
            <td><input type="text" name="name"></td>
            </tr>
            <tr>
                <td> 密码 </td>
                <td><input type="password" name="password1"></td>
            </tr>
            <tr>
            <td> 验证密码 </td>
              <td><input type="password" name="password2"></td>

            </tr>
            <tr>
              <td></td>
              <td><input type="submit" value=" 提交 "></td>
              <td><input type="reset" value=" 取消 "></td>
            </tr>
        </table>
    </form>
  </center>
</body>
</html>
```

界面效果如图 7-3 所示。

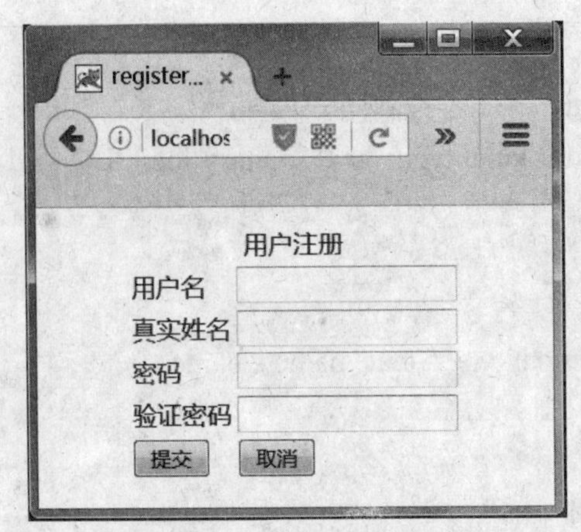

图 7-3 运行结果

⑤最后创建注册表单的处理页面，将用户填写的注册信息利用 request() 方法提取出来，调用 JavaBean() 组建的方法将其写入数据库。

```
<%@ page language="java" import="DB.*" pageEncoding="gbk"%>
<html>
  <head>
    <title>register.jsp</title>
    <meta http-equiv="refresh" content="5; url=login.jsp">
  </head>
  <body>
    <%
        String loginid=request.getParameter("loginID");
        String name=request.getParameter("name");;
        String password=request.getParameter("password");
        String type=request.getParameter("type");
        try
        {
         DBoperator.registerUser(loginid,name,password,type);
         out.println("<center><h1> 注册成功！ 5 秒钟后回到主页面 </center></h1>");
        }catch(Exception e)
        {
         out.println("<center><h1>"+e.getMessage()+5 秒 钟 后 回 到 主 页 面 </
center></h1>");
        }%>
  </body>
</html>
```

注册成功，给出提示，并在 5 秒后跳转回主页面 main.jsp（其实就是前一阶段创建的 index.jsp）。

运行结果如图 7-4 所示。

图 7-4　运行结果

如果用户登录名称已存在，则如图 7-5 所示。

图 7-5　运行结果

最后统一都回到主页面（图 7-6）。

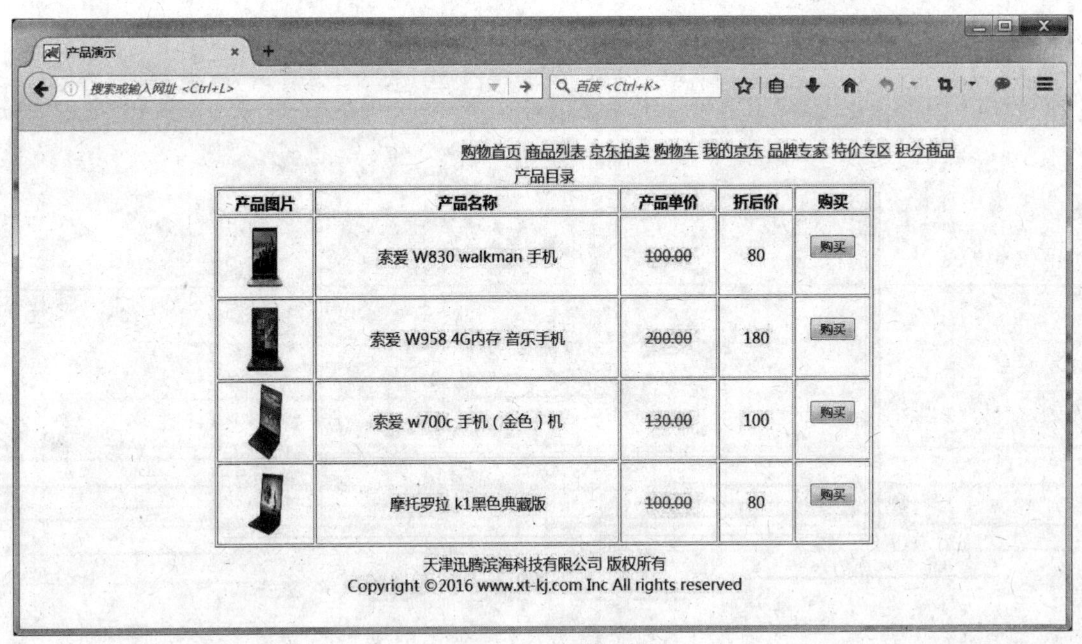

图 7-6　运行结果

7.2 练习(50 分钟)

创建论坛的登录部分和相应的数据库访问组件。
提示：参照 7.1 创建。

7.3 作业

创建论坛注册部分。

第 8 章　JSP（三）

本阶段目标

✧ 理解 session、cookie、application、pangeContext、config 原理。

✧ 掌握 session、cookie、application、pangeContext、config 的用法。

本阶段给出的步骤全面详细，请学员按照给出的上机步骤独立完成上机练习，以达到要求的学习目标。请认真完成下列步骤。

8.1　指导（1 小时 10 分钟）

8.1.1　session 对象

利用 session 对象来实现购物车。

（1）将上一阶段的 list.jsp 页面作为更改，在购物按钮所在的 form 表单中，添加上所对应产品的隐藏字段，使得在提交该表单后，服务器端能够读取所购买产品的信息。最后增加一条超链接，连接到购物车显示页面。如示例代码 8-1 所示。

示例代码 8-1　产品显示页面

```
<%@ page language="java" import="java.util.*,DB.*,JavaBean.*"
pageEncoding="GB2312"%>
<%
    ArrayList list=Chaxun.getItem();
    Iterator it=list.iterator();
    Item item;
 %>
 <html>
 <head><title> 分页 </title></head>
 <body>
```

```
        <center>
    <table border="1" width="80%" bordercolor="green">
    <caption> 产品目录 </caption>
        <tr align=center>
            <th> 产品图片 </th>
            <th> 产品名称 </th>
            <th> 产品单价 </th>
            <th> 折后价格 </th>
            <th> 购买 </th>
        </tr>
        <%
        while(it.hasNext()){
        item=(Item)it.next(); %>
        <tr align="center">
            <td>
                <img src="./photo/<%=item.getPhoto() %>" width="125" height="100">
            </td>
            <td>
                <%=item.getPname() %>
            </td>
            <td>
                <font color=red><strike><%=item.getPrice() %></strike></font>
            </td>
            <td>
                <%=item.getPriceoff() %>
            </td>
            <td>
                 <form action="Cart.jsp" method="post">
                 <input type=hidden name="pid" value=<%=item.getPid() %>>
                 <input type=hidden name="pname" value=<%=item.getPname() %>>
                 <input type=hidden name="photo" value=<%=item.getPhoto() %>>
                 <input type=hidden name="price" value=<%=item.getPrice() %>>
                 <input type=hidden name="priceoff" value=<%=item.getPriceoff() %>>
                 <input type=submit value=" 购买 ">
                </form>
        </td>
        </tr>
        <%
```

```
        }
        %>
        <tr><td align="center"><a href="showCart.jsp" width="1024"> 去购物车 </a></
td></tr>
    </table>
    </center>
    <center>
    </center>
    </body>
    </html>
```

（2）编写 JavaBean，在其中创建一个集合，用于保存所选购的产品信息。并且提供 addItem() 方法，将选购的商品添加到集合中去。如示例代码 8-2 所示。

示例代码 8-2　商品集合类

```
package JavaBean;
import java.util.*;
public class ItemsArray {
    ArrayList list=null;
    public void ItemsArray(){
        list=new ArrayList();
    }
    public void setList(ArrayList I){
        list=(ArrayList)I.clone();
    }
    public ArrayList getList(){
        return list;
    }
   public void addItem(Item item){
        list.add(item);
    }
}
```

（3）书写购物车页面 Cart.jsp，将选购商品的信息从 request 中读取出来，封装成 Item 的对象，添加到 ItemsArray 中，并将这个 ItemsArray 写入 session 中，然后跳转回 list.jsp。如示例代码 8-3 所示。

示例代码 8-3 购物车页面

```
<%@ page language="java" import="JavaBean.*" pageEncoding="GB2312"%>
<%
    String pid=request.getParameter("pid");
    String pname=request.getParameter("pname");
    String photo=request.getParameter("photo");
    String price=request.getParameter("price");
    String priceoff=request.getParameter("priceoff");
    Item item
    =new Item(pid,pname,photo,Double.parseDouble(price),Double.parseDouble(priceoff));
    ItemsArray list=(ItemsArray)session.getAttribute("list");
    if(list==null)
    {
        list=new ItemsArray();
    }
    list.addItem(item);
    session.setAttribute("list",list);
    response.sendRedirect("list.jsp");
%>
```

（4）最后书写购物车显示页面，将保存于 session 中的所购产品的内容显示出来。如示例代码 8-4 所示。

示例代码 8-4 购物车界面

```
<jsp:directive.page import="java.util.*,DB.*,javabean.*"
pageEncoding="GB2312"/>
<html>
<body>
<center>
<table border="1" cellspacing="1" bordercolor="green">
<%itensarray list=( itensarray)seession.getattribute("list");
If(list!=null){
arraylist l=list.getlist();
Iterator it=l. Iterator();
Item item;
While(it.hasnext()){
Item=(item)it.nest();
```

```
%>
<tr>
<td width="100" align="center"><img src=<%=item.getphoto()%></td>
<td width="200" bordercolor="blue" align="center">
<table>
<tr><td><%=new string)(item.getpname().getBytes("ISO8859-1"),"gb2312")
%></td></tr>
<tr><td><t\strike><font color="red">
<%=item.getpricebyoff()%></td></tr>
</table>
</td>
</tr>
<%}}%>
</table>
</center>
</body>
<html>
}
```

运行结果如图 8-1 所示。

图 8-1　运行结果

8.1.2　cookie 对象

利用 cookie 对象将正确登录后的用户名称记录下来，在下一次访问网站时，可以不用登录。

（1）修改 login.jsp 的代码，先从 request 中读取 cookie。判断 cookie 中是否存在 username 的变量，如果存在就直接显示欢迎的语句，否则就显示登录页面。如示例代码 8-5 所示。

示例代码 8-5　登录界面

```
<@page language="java" import=="java.utile.*"
pageEncoding="GB2312" import="DB>*"%>
<%
string name=nukk;
cookie[]c=request.getcookes();
for(int i=0;i<c.length;i++){
if(c[i].getname().equalsIgnoreCase("username"))
name=c[i].getvalue();
}
if(name==null)
%>
<form action ="liginDB.jap"method="get">
用户名 <input type="text" name="username">
密码 <input type="password"name="password">
<input tupe="submit"value3=" 提交 ">
<a href="register.html"> 注册 <a>
</form>
<%}else{
out.print(" 欢迎再次光临 ",+name);
}%>
```

（2）创建登录表单处理页面，如果用户名密码成功验证，就将用户名封装到 cookie 中，然后将 cookie 添加到 response 中。如示例代码 8-6 所示。

代码示例 8-6　登录验证页面

```
<@page language="java" import=="java.utile.*"
        pageEncoding="GB2312" import="DB>*"%>
        <%
        string name=request.getparameter("username");
        string pass=request.getparameter("password");
        if(dboperator.uservalidate(namepass)){
        cookie c=new cookie("username",name);
        respose.asscookie(c);
```

```
            response.sendredirect("main.jsp");
        }else{
        out.print(" 密码错误 ")
}%>
```

（3）我们创建主页面，把功能页面都组织到一起显示。如示例代码 8-7 所示。

代码示例 8-7　主页面

```
<%@ page language="java"  pageEncoding="GB2312"%>
<html>
    <head>
        <title> 产品目录 </title>
    </head>
    <body>
        <table align="center" height="80%" width="80%"
            <tr>
                <td  algin="right"><%@include file="login.jsp"%></td>
            </tr>
            <tr>
                <td><%@include file="menu.jsp"></td>
            </tr>
            <tr>
                <td><%@include file="list.jsp"></td>
            </tr>
        </table>
    </body>
</html>
```

运行结果如图 8-2 和图 8-3 所示。

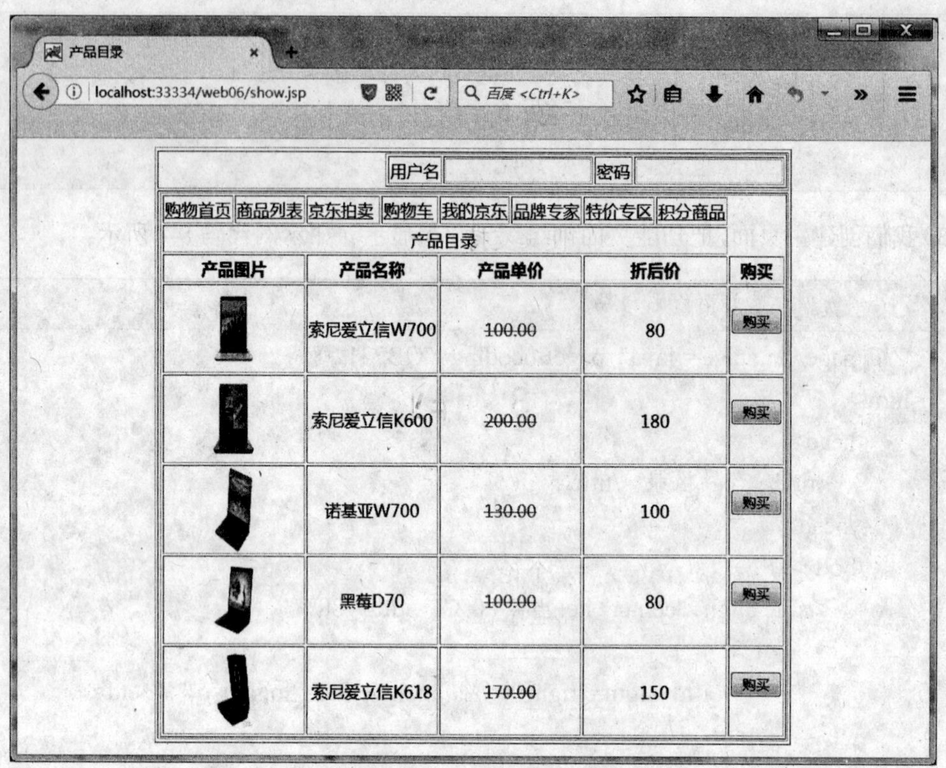

图 8-2 运行结果（一）

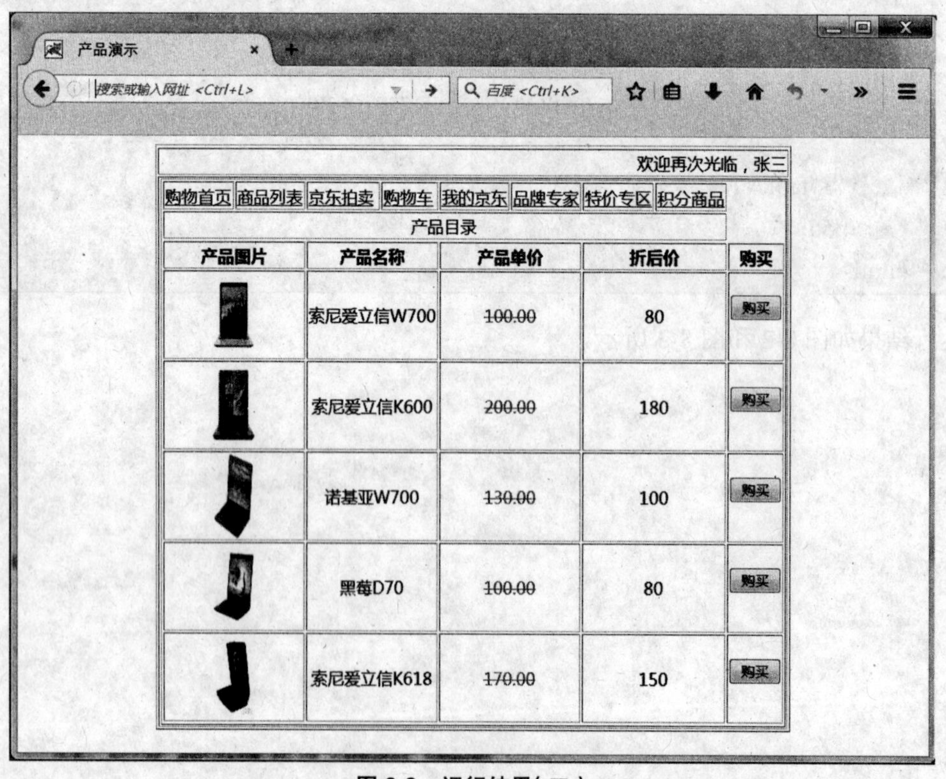

图 8-3 运行结果（二）

8.2　练习(50 分钟)

修改前面所创建论坛的登录部分,使其支持 cookie。

提示:参照 8.1 创建。

8.3　作业

创建论坛中显示帖子的细节。

提示:修改论坛主题显示部分,将每个论坛主题作为超链接,并将主体 ID 作为 request 中的 get 部分传递到细节页面,供细节页面显示这一主题的细节。

```
<a href=<%="showSetail.jsp?ID="+topic.getId()%><%=topic.getTopic()%></a>
```

第 9 章　JSP 标准动作

本阶段目标

✧ 理解 JSP 的 useBean、setProperty、getProperty、forward 动作。

✧ 掌握 JSP 的 useBean、setProperty、getProperty、forward 动作。

本阶段给出的步骤全面详细，请学员按照给出的上机步骤独立完成上机练习，以达到要求的学习目标。请认真完成下列步骤。

9.1　指导(1 小时 10 分钟)

9.1.1　完善前面的购物网站

重新书写购物车，使我们在重复购买同种商品的时候，商品的定购数量累加，而不是保存两个完全相同的 Item 对象。

(1)要实现上述的功能首先要重新书写 Item 类，在其中添加数量字段。在构造函数中将 count 初始化为 0，并且提供 addCount() 方法，完成 count 的自加。如示例代码 9-1 所示。

示例代码 9-1　Item 类

```
package JavaBean;
public class Item
{
    private String pid="";
    private String pname="";
    private String photo="";
    private double price=0.0;
    private double priceoff=0.0;
    private double count=0.0;
    public Item()
    {
```

```
            count=1;
        }
        public Item(String vpid,String vpname,String vphoto,double vprice,double vpriceo-
ff) throws Exception
        {
            pid=vpid;
            pname=vpname;
            photo=vphoto;
            price=vprice;
            priceoff=vpriceoff;
            count=1;
        }
        public String getPhoto() {
            return photo;
        }
        public void setPhoto(String vphoto) {
            photo = vphoto;
        }
        public String getPid() {
            return pid;
        }
        public void setPid(String vpid) {
            pid = vpid;
        }
        public String getPname()throws Exception {
            return pname;
        }
        public void setPname(String vpname) {
            pname = vpname;
        }
        public double getPrice() {
            return price;
        }
        public void setPrice(double vprice) {
            price = vprice;
        }
        public double getPriceoff() {
            return priceoff;
```

```
    }
    public void setPriceoff(double vpriceoff) {
        priceoff = vpriceoff;
    }
    public void setCount(double vcount){
        count=vcount;
    }
    public double getCount(){
        return count;
    }
    public void addCount()
    {
        count++;
    }
}
```

（2）重写编写 ItemsArray 类，使其在添加购买商品的时候判断此商品是否是已经购买过的商品。然后决定该商品的数量是否需要累加。然后提供 getAllPrice() 方法，获得购买商品的总价。如示例代码 9-2 所示。

示例代码 9-2　ItemsArray 类

```
package JavaBean;
import java.util.*;
public class ItemsArray {
    ArrayList list=null;
    public ItemsArray()
    {
        list=new ArrayList();
    }
    public ItemsArray(ArrayList vlist)
    {
        list=(ArrayList)vlist.clone();
    }
    public void setList(ArrayList l)
    {
        list=(ArrayList)l.clone();
    }
```

```
    public ArrayList getList()
     {
         return list;
     }
     public void addItem(Item item)
     {
         boolean flag=false;
         Iterator it=list.iterator();
         while(it.hasNext())
         {
             Item i=(Item)it.next();
             if(item.getPid().equals(i.getPid()))
             {
                 i.addCount();
                 flag=true;
                 break;
             }
         }
         if(flag==false)
         {
             list.add(item);
         }
     }
     public double getAllprice()
     {
         double price=0.0;
         Iterator it=list.iterator();
         while(it.hasNext())
         {
             Item i=(Item)it.next();
             price=price+i.getPriceoff()*i.getCount();
         }
         return price;
     }
}
```

（3）修改 showCart.jsp 页面，让其显示出订购商品的数量、总计消费数量、生成订单的超链接。如示例代码 9-3 所示。

示例代码 9-3 showCart.jsp

```
<jsp:directive.page    import="java.util.*,DB.*,JavaBean.*"    contentType="text/html;
charset=GBK"/>
<html>
<body>
<jsp:useBean id="list" class="JavaBean.ItemsArray" scope="session"/>
  <center>
   <table border="1" cellspacing="1" borderColor="green">
    <%
        ArrayList l=list.getList();
        Iterator it=l.iterator();
        Item item;
        while(it.hasNext()){
        item=(Item)it.next();
    %>
    <tr>
     <td width="100" align="center">
      <img src="./photo/<%=item.getPhoto() %>" width="125" height="100">
    </td>
    <td width="200" borderColor="blue" align="center">
      <table>
       <tr>
        <td> 产品名称 </td>
        <td><%=new String(item.getPname().getBytes("iso8859-1"),"gb2312") %></td>
       </tr>
       <tr>
        <td> 产品价格 </td>
        <td><strike><font color="red"><%=item.getPrice() %></font></strike></td>
       </tr>
       <tr>
        <td> 折后价格 </td>
        <td><%=item.getPriceoff() %></td>
       </tr>
       <tr>
        <td> 产品数量 </td>
        <td><%=item.getCount() %></td>
       </tr>
      </table>
```

```
            </td>
        </tr>
            <%
              }
            %>
        </table>
            你共计消费了 <%=list.getAllprice()%> 元
            <a href="orders.jsp"> 生成订单 </a>
    </center>
</body>
</html>
```

程序运行结果如图 9-1 所示。

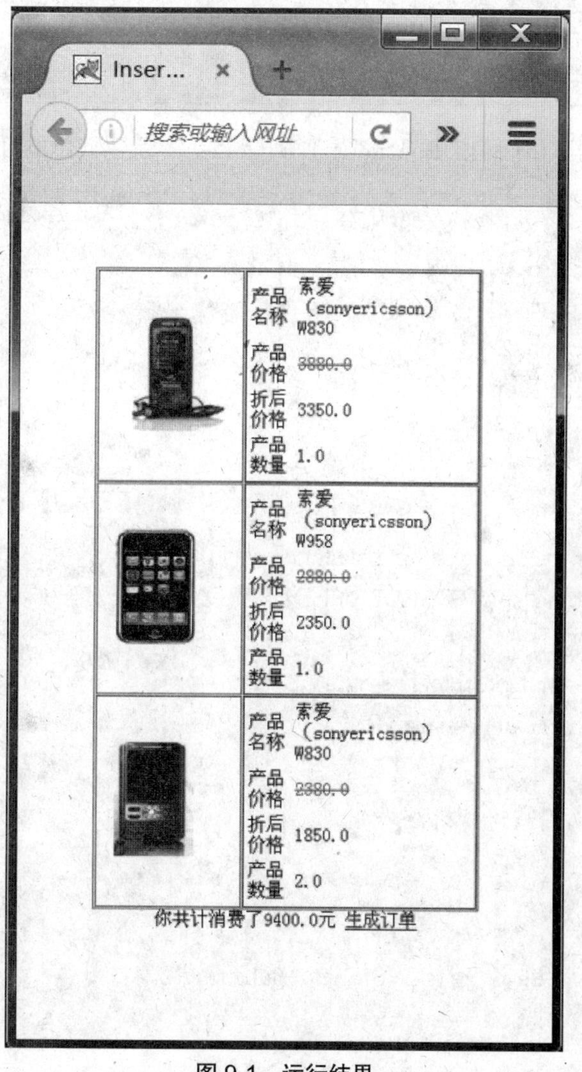

图 9-1　运行结果

9.1.2 完成订单生成功能

将用户所选购的商品保存起来生成订单。

（1）创建数据库表，保存订单信息。订单主表 OrderMaster 存储订单的订单编号、购买人 ID 以及购买日期。订单从表保存订单编号、产品 ID、产品数量。

```
Create table OrderMaster(
orderNo varchar(20),
loginID varchar(20),
orderDate date
)
Create table OrderDetail(
orderNo varchar(20),
pID varchar(20),
count double
)
```

（2）接着修改数据库访问类 DBoperator，使其能够获得新建订单的订单编号。

```
public static String getNewOrderNo()
    {
        String orderNo=null;
        Connection con=null;
        Statement stmt=null;
        ResultSet rs=null;
        try {
            con=ConnectionFactory.getConnection();
            stmt=con.createStatement();
            String sql="SELECT orderNo FROM OrderMaster ORDER BY orderno
DESC";
            rs=stmt.executeQuery(sql);
            if(rs.next()= =false)
            {
                orderNo="o001";
            }
            else
            {
                String o=rs.getString(1).substring(2, 4);
                int num=Integer.parseInt(o)+1;
```

```
                DecimalFormat df=new DecimalFormat("000");
                orderNo="o"+df.format(num);
            }
        } catch (SQLException e) {
            // TODO Auto-generated catch block
            e.printStackTrace();
        }finally
        {
            ConnectionFactory.close(rs);
            ConnectionFactory.close(stmt);
            ConnectionFactory.close(con);
        }
        return orderNo;
    }
```

（3）修改数据库访问类 DBoperator，添加订单生成方法。在对订单的数据库处理时要注意的事务操作，即对订单主表和订单从表的数据库操作要么全部成功，要么全部失败，体现在方法中就是将自动事务改成手动事务，try 块的最后放置 commit() 方法，catch 块中放置 rollback() 方法，即当数据库操作失败时将事务卷回。

```
    public static void createOrder(Orders order)
        {
            Connection con=null;
            PreparedStatement ps=null;
            String orderNo=DBoperator.getNewOrderNo();
            try {
                con=ConnectionFactory.getConnection();
                con.setAutoCommit(false);
                String sql="INSERT INTO OrderMaster values(?,?,?)";
                ps=con.prepareStatement(sql);
                ps.setString(1,orderNo);
                ps.setString(2,order.getName());
                ps.setDate(3,order.getDate());
                ps.executeUpdate();
                sql="INSERT INTO OrderDetail values(?,?,?)";
                ps=con.prepareStatement(sql);
```

```
                ArrayList list=order.getList().getList();
                Iterator it=list.iterator();
                while(it.hasNext())
                {
                Item item=(Item)it.next();
                    ps.setString(1, orderNo);
                    ps.setString(2, item.getPid());
                    ps.setDouble(3, item.getCount());
                    ps.executeUpdate();
                }
                con.commit();
                } catch (Exception e)
            {
                try {
                    con.rollback();
                } catch (SQLException e1) {
                    // TODO Auto-generated catch block
                    e1.printStackTrace();
                }
            System.out.println(e);
                }finally
            {
                ConnectionFactory.close(ps);
                ConnectionFactory.close(con);
            }
    }
```

（4）创建 JavaBean 映射 Order 表，在构造函数中生成最重要的日期变量。示例代码如 9-4 所示。

代码示例 9-4　Order 表映射

```
package JavaBean;
import java.sql.Date;
import java.util.*;
public class Orders {
    String name;
    ItemsArray list;
```

```
    Date date;
        public Orders(String vname,ItemsArray vlist)
        {
            name=new String(vname);
            list=new ItemsArray(vlist.getList());
            java.util.Date d=new java.util.Date();
            date=new Date(d.getYear(),d.getMonth(),d.getDate());
        }
        public Date getDate() {
            return date;
        }
        public ItemsArray getList() {
            return list;
        }
        public String getName() {
            return name;
        }
}
```

创建订单的处理页面 orders.jsp，完成订单的处理。如示例代码 9-5 所示。

示例代码 9-5　orders.jsp

```
<%@ page language="java" import="java.util.*,DB.*,JavaBean.*" pageEncoding="GB2312"%>
<%
    String name=(String)session.getAttribute("username");
    ItemsArray list=(ItemsArray)session.getAttribute("list");
    Orders order=new Orders(name,list);
    DBoperator.createOrder(order);
    session.removeAttribute("list");
%>
<jsp:forward page="main.jsp"/>
```

9.2 练习(50 分钟)

修改前面所创建的论坛,使其中能替换 JSP 动作的部分换成 JSP 动作。

9.3 作业

创建论坛中发帖部分。

第 10 章　Java 实用技术

本阶段目标

✧ 掌握文件上传方法。

✧ 掌握使用 Java 操作 Excel。

本阶段给出的步骤全面详细，请学员按照给出的上机步骤独立完成上机练习，以达到要求的学习目标。请认真完成以下步骤。

10.1　指导(1 小时 10 分钟)

10.1.1　文件上传

利用 Apache 的 Commons FileUpload 组件实现文件上传。

将上一阶段购物车的功能做进一步完善，添加后台管理，如果是管理员登录，可以上传新的产品信息，上传后直接显示到产品信息页面，供用户选购。

(1)修改登录页面，让用户分权限的登录。如示例代码 10-1 所示。

示例代码 10-1　登录页面

```
<%@ page language="java"  pageEncoding="GB2312"%>
<form action="validateLogin.jsp" method="post">
    用户名:<input type="text" name="username"><br/>
    密      码:<input type="password" name="password"><br/>
    <input type="radio" name="type" value="nomal" checkde/> 普通用户
    <input type="radio" name="type" value="super"/> 超级用户 <br/>
    <input type="submit"value=" 登录 ">
    <a href="register.html"> 注册 </a>
</form>
```

程序运行结果如图 10-1 所示。

图 10-1　运行结果

（2）给数据库访问类添加方法，验证用户是否是超级用户。

```
public static boolean userValidate(String username,String password,String type){
        Connection con=null;
        PreparedStatement ps=null;
        ResultSet=null;
        boolean flag=false;
        try{
            con=ConnectionFactory.getConnection();
            String sql="SELECT*FROM Users WHERE loginid=?and pass-
word=?and type=?";
            ps=con.prepareStatement(sql);
            ps.setSring(1,username);
            ps.setSring(2,password);
            ps.setSring(3,type);
            rs=ps.executeQuery();
            if(rs.next()){
                flag=true;
            }
        }catch (SQLException e){
    System.out.println(e.getMessage());
        }finally{
            ConnectionFactory.close(rs);
            ConnectionFactory.close(ps);
            ConnectionFactory.close(con);
        }
        return flag;
    }
```

（3）修改用户验证页面，如果用户是超级用户，显示管理员主页面。如示例代码 10-2

所示。

示例代码 10-2　登录验证页面

```
<%@ page pageEncoding="GB2312" import="com.xtgj.s2javaweb.chapter10.dao.*"%>
<%
    String name=request.getParameter("username");
    String name=request.getParameter("password");
    String name=request.getParameter("type");
    if(DBoperator.userValidate(name,pass,type)){
        if("super".equals(type)){
            response.sendRedirect("supermain.jsp");
        }else{
            response.sendRedirect("main.jsp");
            }
        }else{
            out.println(" 密码有误！ ");
        }
%>
```

（4）管理员主页面，添加产品上传权限。如示例代码 10-3 所示。

示例代码 10-3　管理员主页面

```
<%@ page language="java" import="java.util.*" pageEncoding="GB2312"%>

<html>
  <head>
    <title> 产品演示 </title>
  </head>

  <body>
        <center>
            <table width="95%">
                <tr>
                    <td><%@include file="head.jsp" %></td>
                </tr>
                <tr align="center">
                    <td><%@include file="showByDB.jsp" %></td>
```

```
                </tr>
                    <tr>
                        <td align="center"><a href="showCart.jsp"> 去购物车 </a></td>
                    </tr>
                </table>
            </center>
    </body>
</html>
```

程序运行结果如图 10-2 所示。

图 10-2 运行结果

（5）创建 addItem.jsp，当超级用户点击添加商品链接，转到此页面。如示例代码 10-4 所示。

示例代码 10-4　添加商品页面

```
<%@ page language="java" import="java.util.*" pageEncoding="GB2312"%>

<html>
  <head>
    <title> 添加商品 </title>
  </head>
   <body>
    <form  name="myform"action="ItemUpload2.jsp"method="post"  enctype="multi-
part/form-date">
          编号:<input type="text" name="pid"><br>
          名称:<input type="text" name="pname"><br>
          价格:<input type="text" name="price"><br>
          图片:<input type="text" name="poto"><br>
          <input type="submit" name="submit"value=" 提交 ">
    </form>
  </body>
</html>
```

程序运行结果如图 10-3 所示。

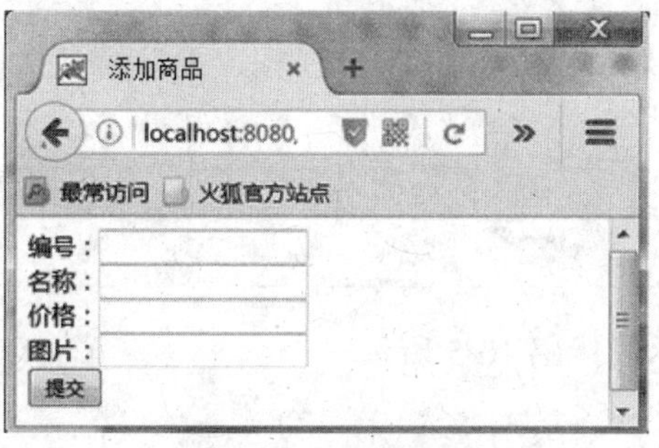

图 10-3　运行结果

（6）在数据库访问类中编写数据库添加方法，把用户提交的商品信息添加到数据库中。

```
public static boolean addItem(Item item){
    Connection con=null;
    PreparedStatement ps=null;
    boolean flag=false;
    try{
        con=ConnectionFactory.getConnection();
        String sql="INSERT INTO Items valuse(?,?,?,?,?)";
        ps=con.prepareStatement(sql);
        ps.setString(1, item.getPid());
        ps.setString(2, item.getPname());
        ps.setDouble(3, item.getPrice());
        ps.setDouble(4, item.getPricebyoff());
        ps.setString(5, item.getPhoto());
        int i=ps.executeUpdate();
        if(i>0){
            flag=true;
        }
    }cath(Exception e){
        System.out.println(e);
    }finally{
        ConnectionFactory.close(ps);
        ConnectionFactory.close(con);
    }
    return flag;
}
```

（7）表单处理页面如示例代码 10-5 所示。

示例代码 10-5　表单处理页面

```
<%@ page language="java" pageEncoding="GB2312"%>
<%@ page import="org.apache.commons.fileupload.*"%>
<%@ page import="org.apache.commons.fileupload.Servlet.*"%>
<%@ page import="org.apache.commons.fileupload.disk.*"%>
<%@ page import="java.util.*"%>
<%@ page import="java.io.*"%>
<%@ page import="com.xtgj.s2javaweb.chapter10.javaBean.*"%>
<%@ page import="com.xtgj.s2javaweb.chapter10.dao.*"%>

<html>
  <head>
    <title>File upload</title>
  </head>

  <body>
    <%
        //确定临时文件目录
        File tempFilePath=new File("pic\\buffer\\");
        if(!tempFilePath.exists()){
            tempFilePath.mkdirs();
        }
        try{
            //创建文件工厂
            DiskFileItemFactory factory=new DiskFileItemFactory();
            factory.setSizeThreshold(4096);// 设置缓冲区大小，这里是 4KB
            factory.setRepository(tempFilePath);// 设置缓冲区目录
            //创建上传文件操作对象
            ServletFileUpload upload=new ServletFileUpload(factory);
            //限定上传文件大小
            upload.setSizeMax(4194304);// 设置最大文件尺寸，这里是 4MB
            //得到所有的请求上传文件
            List<FileItem>items=upload.parseRequest(request);
            Iterator<FileItem>i=items.iterator();
            Item item=new Item();
            while(i.hasNext){
```

```
                FileItem fi=(FileItem)i.next();
                //String fileName=fi.geitFieldName();
                // 如果是普通表单项目，显示表单内容。
                if(fi.isFormField()){
                    String fieldName=fi.getFieldName();
                    if("pname".equals(fieldName))
                    // 对应 addItem.jsp 中 type="text"name="pname"
                        item.setPname(fi.getString());
                    else if("pid".equals(fieldName))
                        item.setPid(fi.getString());
                    else if("price".equals(fieldName))
                        item.setPrice(Double.parseDouble(fi.getString()));
                }else{// 如果是上传文件，把文件上传到指定路径
                    File fullFile=new File(fi.getName());
                    // 确定文件上传路径
                    String path=request.getRealPath("")+"/pic";
                    File savedFile=new File(path,fullFile.getName());
                    item.setPhoto("pic/"+fullFile.getName());
                    fi.write(savedFile);
                }
                item.setPricebyoff(item.getPrice()*0.8);
                }
                boolean b=DBoperator.addItem(item);
                if(b){
                    response.sendRedirect("supermain.jsp");
                }else{
                    out.println(" 上传失败！ ");
                }
            }catch(Exception e){
                e.printStackTrace();
            }
        %>
    </body>
</html>
```

程序运行后，结果如图 10-4 所示。

图 10-4　运行结果

10.2　练习(50 分钟)

用 POI 修改理论部分的 Excel 文件，让小于 60 分的学生成绩显示为：蓝色，“不合格”。

10.3　作业

1. 在购物车项目中添加管理员权限，超级用户可以把商品基本信息生成 Excel 文件。
2. 我们可不可以同时上传多个文件？怎么实现？